新手貓奴日誌

獸醫師為你準備的完整照護指南

作者／**留博彥、郭嵐忻** 繪者／**Jiji吉吉**

僅以此書獻給我的Miya。

Apr 20, 2009 ~ Dec 04, 2014

推薦序
讓飼主能夠接收
正確的醫療資訊

　　每當在診間碰到新手飼主帶小貓來健康檢查跟打預防針的時候,同時身兼獸醫與貓奴兩種身分的我,總是有好多關於貓咪的健康照護與飼養心得想跟主人分享!無奈動物醫院裡的工作步調總是忙碌緊湊,在短短幾十分鐘的看診時間內,實在無法完整地跟飼主鉅細靡遺地講解貓咪各種常見疾病與飼養技巧。不過幸虧有郭嵐忻與留博彥兩位對貓咪學有專精的獸醫師合寫了這本《新手貓奴日誌:獸醫師為你準備的完整照護指南》,本書依照貓咪的不同年齡階段整理出各時期需要注意的飼養照護重點,內容包含許多貓咪常見的疾病與行為問題,讓各位新手貓奴在養貓的過程中能夠得心應手。此外本書的繪者吉吉也是一位獸醫師,因此書中的各個插圖除了富有趣味之外,對於各種醫療細節也是描繪得很到位,飼主可以透過這些插圖了解一些動物醫院的醫療現場情況。

　　同樣身為致力於撰寫衛教文章的獸醫師,我深知在看診之餘還要蒐集資料撰寫文章是件不容易的事情,尤其是在這網路資訊氾濫的時代,除了要破解各種似是而非的寵物餵養觀念,對於自己文章中的各項訊息來源也要力求正確。這本書中羅列了許多國外的獸醫學會所提供的專業建議,讓各位飼主能夠接收到正確的醫療資訊。

　　期待這本書的出版可以解決許多新手貓奴的疑惑,讓獸醫師在診間能夠更有效率地跟主人討論貓咪的健康狀況。

張義聖獸醫師——

核心動物醫院院長／臉書粉絲專頁「獸醫好想告訴你」共同主筆

照郭醫師的書養，
最得心應手

「這一定是阿嬤養的VS.照（郭醫師）書養的。」這是身為一個行銷人，我必須要跟您推薦這本《新手貓奴日誌》的最佳理由。

在這個網路世代，您必定也曾經在看起來超級福相的小朋友、過重的喵星人或汪星人的網路梗圖上，見到鄉民的這句趣味名言：「這一定是阿嬤養的！」

這本書利用淺顯易懂的語言，帶您認識貓咪生命中的6個階段，伴隨著可愛的插畫，幫助貓咪與貓飼主們，在各階段時期，得到適當的照護建議，讓您不會把您的貓變成是阿嬤養的。

新手媽媽界有一句令人莞爾的名言：「第一胎照書養，第二胎當豬養，第三胎隨便養。」其實要表達的就是經驗的重要，我相信在她每次看診的過程中，她總是能感受到這些爸媽們對毛小孩的熱愛與期待。也因此，有本能幫助新手毛孩爸媽迅速地掌握重點的工具書是很重要的。

　　當您有這本《新手貓奴日誌》在手上，教導您在貓咪的各個階段，您可能會遇到的大小瑣事，舉凡初期幼貓的馴化過程一路到最害怕面對的中老年貓疾病控制，都鉅細靡遺地讓您簡簡單單地照書養。您就像養第二胎或是第三胎毛小孩一樣，一路上漸漸得心應手起來。

　　郭醫師是我見過與認識的KOL網紅中，對小動物最有耐心的一位，這點不用我多說，許多讓她看診過的貓飼主們應該都同意。不僅如此，對於新的專業知識她也是最認真積極的一位從業人員，每每國外有什麼新的用藥或是關於寵物的新知，她總是迫不及待地研究這些知識，再積極地與同業分享討論，並且不厭其煩地，去驗證這些資訊來源是否正確。

　　現在，她把她的功力與過去的經驗，集結在這本《新手貓奴日誌》上，您希望帶喵星人出門的時候，路上的行人對著牠說，這一定是：

　　「阿嬤養的VS.照（郭醫師）書養的」嗎？

張凱傑──卡馬創意整合有限公司 總經理

推薦序
每一位養貓人
都必備的工具書！

　　近年來，貓咪無疑是成長最快的伴侶動物，貓口數從十幾年前的不到30萬，至今已經破百萬！更多的人與貓同住，對貓有興趣，這原來是一件好事，但是很多時勢所趨的問題也油然而生。

　　在網路社群發達，數位資訊百家爭鳴的這個時代，我們不難發現，網路上有太多似是而非的言論在指導人怎麼養貓、疾病怎麼治療、貓咪該吃什麼……。臨床獸醫師們也備受「Dr. Google」的挑戰，衛教資訊不再是醫生說了算，而是要不厭其煩地回應「但是網路上說……」、「但是我看的部落格說……」這樣的問題。相較於網路上不知其作者背景的文章，Dr. Lan 相對的具有較高公信力：兩位作者都是第一線臨床獸醫師，分別擁有澳洲暨紐西蘭獸醫學院的貓專科院士資格，與ISFM國際貓科醫學會的進階貓行為學認證，是不折不扣的貓咪專家。

　　說起我和Dr. Lan的淵源，除了在工作上相識之外，我們差不多時間開始經營臉書粉絲頁，早期我也有幸與他們合作過幾篇臉書文章。除了粉絲頁、部落格，Dr. Lan並投注了更多時間與精力製作衛教影片，更成立獸醫的期刊分享社團定期分享新進醫療資訊，在在都感受到其對於實證醫學的重視與優化獸醫醫

療的熱忱。我在撰寫特定領域的獸醫衛教文章時，Dr. Lan也經常是我最信任的
諮詢對象。

　　本書涵蓋各種貓奴們會感到興趣的主題，從幼貓至老貓各生命階段的照顧
方針，到常見疾病的治療建議。文筆流暢好讀，分段清晰而邏輯清楚。而內容
建議都來自科學證據與最新資訊，讓人十分安心，不會讀到過時的、或是錯誤
的資訊。

　　最後，很值得一提的是本書的插畫，來自一位我非常欣賞的插畫家──吉
吉，她本身也是獸醫系的學士與碩士畢業，才華洋溢，又是一位不折不扣的貓
奴。因此，書中畫作對於貓咪動作表情、行為舉止，以及院內醫療行為的勾勒
都非常到位，既精確又幽默，讓人以輕鬆的方式獲取知識，是本書的另一大賣
點！

　　《新手貓奴日誌》絕對是2021年每一位養貓人都必備的工具書！

獸醫老韓 Shawn Han──人氣粉專

作者序
為了讓貓孩更好，
持續傳遞正確知識

　　印象中是在大學二年級的暑假吧，剛開始養貓時，是完全新手的狀態，循著朋友及養貓前輩們的建議，開始了看似有模有樣的貓奴生活，貓咪為我的生活帶來了許多色彩，不管是趴在書本上影響閱讀還是在被窩裡暖被，都讓身為新手貓奴的我著實感到快樂與滿足。隨著時間推演，很快地我畢業成為了小動物臨床獸醫師，除了貓奴的身分外還多了臨床獸醫師的身分，忙碌的臨床工作讓我開始忽略自己的貓孩，2014年底，我的其中一隻貓Miya因脂肪肝在醫院過世，雖然自己是獸醫師，在醫院也看過許多離別與生死，那一天我才知道，原來沒有辦法好好說再見，是無法言喻的心痛與悲傷，記得那一天，我的手如有千斤重般，機械式地整理著Miya，再忍著淚水及崩潰邊緣的情緒，上診為病患看診，這是我人生中最為沉重、灰暗的一天。接下來其實有好長一段時間，我的生活記憶都是空白且片段的，這樣的情緒直到我遇見了郭醫師，我才從深淵中被拉了出來，倒不是因為她很會安慰人，而是遇見了她，讓我有機會知道自己的渺小，重新沉澱自己，訂定並開始了新的目標「我想為貓咪做些什麼」，

這樣的想法跟著我，一直到跟郭醫師待在澳洲的幾年，郭醫師取得了澳洲暨紐西蘭學院貓科專科院士資格（MANZCVS, Feline)，我取得了ISFM國際貓科醫學會進階貓行為學認證（ISFM AdvCertFB），除了自我精進外，期間我們也思考著怎麼樣為貓咪做些什麼，其中的一個想法就是希望藉由傳遞正確的觀念，讓不管是不是新手的貓奴們都可以知道正確的養貓知識，即便這樣的力量可能不及網路上陳舊且錯誤資訊的傳播快速，但我們相信，不只我們，未來也一定會有更多的人願意持續傳遞正確知識，此時受惠的一定會是我們的貓孩，願這本書可以為所有的貓奴及貓咪帶來幫助，提升貓孩的健康福祉。

留博彥　郭嵐竹

Contents
目錄

Chapter 01
幼貓期：提前準備，奠定好基礎

熟齡貓期：為邁
入老齡做準備

Chapter
04

前言
在成為貓奴之前
執貓之手,與貓偕老

　　我們先來認識貓咪生命中的6個階段,這6個階段是依據貓咪在生理、行為上的成熟發展程度,還有與年齡有關的變化與常見疾病所劃分,此6階段的劃分也經過美國貓科執業醫師協會(AAFP)及美國動物醫院協會(AAHA)的認可,這樣的劃分,可以幫助貓咪與貓飼主們在各階段時期,得到適當的照護與建議,當然每隻貓都有著個體差異,會有不同的成熟速度或是疾病的發生,所以這樣的階段劃分只能視為指南,而不完全是絕對的。

幼貓（出生至6個月）

　　貓咪一臉稚嫩的模樣，約是人類從出生至10歲的年紀，此時期的貓咪，與其他動物及人的互動接受度高，最適合進行社會化訓練及雕塑貓咪的個性。

青少貓（7個月至2歲）

　　充滿活力的時期，約是人類12歲至24歲的年紀，隨著生理上的成熟，與其他動物及人類間的互動可能會減少，但也可能會開始出現攻擊行為。

成貓（3歲至6歲）

　　體態趨於穩定的時期，約是
人類28歲至40歲的年紀。

熟齡貓（7歲至10歲）

　　此時期基礎代謝開始下降，
容易橫向發展，需特別注意體態
的控制，約是人類44歲至56歲的
年紀。

中老年貓（11歲至14歲）

約是人類60歲至72歲的年紀，此時體重增加趨緩，甚至開始減輕，與年齡有關的疾病也常在此階段被診斷出來。

老年貓（15歲以上）

此時肌肉量會開始有較顯著的減少，體重可能減輕，較難再增重，約是人類76歲以上的年紀，生活品質的維持相當重要。

幼貓期

提前準備，奠定好基礎

幼貓期是奠定將來與人、事、物關係
的重要時刻，也是需要預防傳染病、
建立預防保健的關鍵階段，因此相當
的重要唷！

Chapter

·

1

Kitten Socialisation

貓生的重要課題──小貓社會化

把握貓貓最佳的社會化時機

貓的領域天性，讓其接觸新事物的過程變得極為不易，社會化能為貓咪未來的社交行為表現帶來極度正向的影響，不僅能建構友善的個性，也能幫助其更快地適應環境的變化。

　　「社會化」（Socialisation）一詞，是指形成社會依附的一個過程。貓社會化的學習能力基本上會一直存在，學習能力的高峰期發生在2～7週齡。在這期間，小貓對其生活環境中會接觸到的生物，學習如何去辨識、互動及產生連結的過程等社交學習稱之為「社會化」，所以我們又稱這個時期為「敏感期」（Sensitive period）。對現今的家貓來說，會接觸的不只有人類，還包括了家中的其他貓咪及可能會有的其他寵物等。社會化的過程能為貓咪未來的社交行為表現帶來極度正向的影響，因此在小貓的敏感期時，讓其接觸各種不一樣的社交刺激，對貓來說是非常重要的一件事，甚至可以影響小貓建構中的基因傾向，讓其往自信及友善的個性發展，避免侵略性行為的發生，這樣的過程也能讓貓在未來的生活中，更能面對及適應環境的改變。

安排小貓社會化的作法

```
              ┌─────────────────┐
              │  2～7週齡小貓   │
              └─────────────────┘
           ┌───────────┴───────────┐
    ┌────────────┐          ┌──────────────────┐
    │  人類撫養  │          │ 哺乳期間與媽媽   │
    └────────────┘          │ 及兄弟姐妹生活   │
     ┌─────┴─────┐          └──────────────────┘
                              ┌───────┴───────┐
┌──────────┐ ┌──────────┐  ┌──────────┐ ┌──────────┐
│安排與其他│ │安排與照顧│  │貓媽媽親人│ │貓媽媽不親人│
│友善的貓咪／│ │者以外的人│  └──────────┘ └──────────┘
│狗狗／其他動│ │類接觸    │   ┌──────────┐ ┌──────────┐
│物接觸    │ └──────────┘   │在貓媽媽及│ │接觸時將貓│
└──────────┘               │兄弟姊妹附│ │媽媽隔離避│
                            │近進行接觸│ │免影響小貓│
                            └──────────┘ │們的情緒  │
                                         └──────────┘
                              ┌──────────────────┐
                              │安排與不同的人    │
                              │及友善的狗狗或    │
                              │其他動物接觸      │
                              └──────────────────┘
```

貓奴筆記

社會化的要點：

- 選對適當的時機點：敏感期2～7週齡。
- 接觸多元的對象：小孩、男生、女生、貓、狗或其他動物。
- 適度的接觸時間：以一天40～120分鐘為上限。
- 以獎勵的方式保持正面情緒。

社會化為什麼重要

　　貓的祖先為完全的獨居動物，他們各自擁有自己的領域及狩獵範圍，並且會捍衛自己的領地。隨著演化及資源的競爭，在野外生存的貓開始擁有了可以形成群體的能力，這樣的群體通常是「母系社會」，且群體大小與成員會受限於鄰近資源的多寡與群體內的貓的性情。然而演化至今，寵物貓擁有跟同種或不同種動物共同生活的能力，但有這樣的能力，並不表示每一隻貓都喜愛且一定要過群體生活。

　　基因傾向與胎兒時期的壓力：貓父母的性情會直接影響後代的基因傾向，意思就是如果貓父母的性情較膽小怕生，後代未來的性情與個性上就會有同樣的傾向，或在自然的發展下容易會有一樣的表現。但這樣的傾向其實是可以被改變的，而最佳改變傾向的時期就是社會化時期；另外母貓在懷孕時，所經歷、感受到的壓力，也會影響到後代面對壓力時的表現，這與懷孕期間，母貓面對壓力時，所產生的circulatory glucocorticoids[1] 會通過胎盤而影響胎兒有關。假設母貓懷孕時經歷了不等程度、持續時間的飢餓、病痛等壓力，會造成後代在面對壓力

註1.　生物激素的一種：在面對壓力時產生的激素。

時的閾值（臨界值）降低；反之，後代在面對壓力時的閾值會提高，這些我們不一定能知道及控制的事情，事實上都影響了小貓未來的性情發展，這也再次告訴我們，社會化過程的重要性。

該如何社會化

社會化其實是一個正常會發生的過程，但每隻貓社會化的程度，卻會因為生長環境而有很大的差異。以敏感期來說，若小貓僅有跟媽媽及兄弟姊妹生活在一起，則社會化的對象，很自然的只有貓，未來被人類收養，可能也無法馬上適應；反之，若小貓從小就是人類單獨餵養，未來加入了新的寵物，甚至是同種的貓，他也未必能接受及適應，所以對我們而言，尤其是在敏感期時，為每一隻貓量身打造專屬的社會化計劃是非常重要的，此計劃除了要在適當的時間進行外，還要廣泛包括未來可能接觸到的所有對象，並以營造正面情緒的方式，幫助貓咪去接觸與學習，維持良好的動物福利，減少未來行為問題的發生機會。

貓奴小教室

胎兒被影響的程度與以下有關

■ 壓力種類及反應。
■ 懷孕期間暴露於壓力的時間點與時間長短。
■ 壓力的程度。
■ 個體差異。
■ 物種間中樞神經系統及大腦發育的不同。

超過敏感期怎麼辦

　　貓社會化的學習能力基本上會一直存在，學習能力的高峰期發生在2～7週齡時，在這個時期中的社交學習稱之為社會化（Socialisation），所以我們又給了2～7週的這個黃金時期一個「敏感期」（Sensitive period）的稱呼，發生在敏感期以外的學習行為我們稱之為社交學習（Social learning），而社交學習的效果遠遠不如發生在敏感期間的社會化，所以掌握關鍵的時期相當重要，但若已經錯過了這個時期也不要傷心，貓還是能學習的。

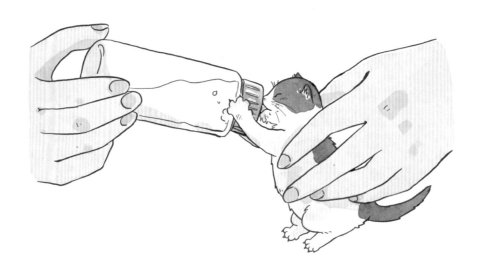

貓咪如果要去餐廳用餐，八成會只訂自己的位置。

Herpes Virus and Recovery
改變與幸福──皰疹病毒與康復
認識常見的皰疹病毒

皰疹病毒是貓常見的上呼吸道傳染疾病，許多貓咪都有帶原，感染為終生感染，在貓咪免疫力變弱時，即有可能復發，最好的預防方法就是吃好睡好、心情放鬆。遇到相關問題時，務必諮詢獸醫師，照顧上也盡量要減少貓咪的壓力，並做好完善的清潔與消毒程序。

　　貓流感是貓上呼吸道疾病中最常見的問題，主要由貓皰疹病毒、貓卡里西病毒或披衣菌所引起，其中貓皰疹病毒為最常見的病原，帶原的貓不在少數，只是多數沒有發病與症狀，且許多貓在小時候就已被感染，平常貓咪沒有症狀的出現，但在壓力大、免疫力低下時較容易發病且伴隨症狀的出現，即便經治療後已無症狀，皰疹病毒仍舊潛伏於體內，屬於「終身感染」。

　　皰疹病毒通常是藉由與分泌物直接接觸或飛沫傳染，另外皰疹病毒有可能

 貓奴筆記

3件一定要知道的事：

■ 皰疹病毒感染為終身感染。

■ 很多貓都有帶原。

■ 傳染方式為與帶有病毒的分泌物直接或間接接觸。

在環境中存活12～18小時，因此也可以藉由共用物品間接感染，像是食物、容器、睡墊、玩具等都有可能成為傳染的媒介物。皰疹病毒的傳播容易，母貓本身若帶有皰疹病毒，在護理寶寶的時候，就已經傳染給寶寶了；間接接觸傳染也很常發生，尤其在經常外出的貓咪、多貓家庭、中途等，很難完全杜絕與病毒接觸的可能性。

感染皰疹病毒後，病毒會在上呼吸道及眼結膜的上皮細胞進行複製，導致細胞死亡，也因此臨床上常見的症狀包括打噴嚏、眼鼻分泌物、角膜潰瘍、結膜炎等，大多健康貓咪的症狀都非常輕微，主人甚至不會注意到。慢性的感染可能導致慢性鼻炎的發生，另外嚴重的角膜潰瘍可以導致角膜壞死，少數的例子會造成臉部潰瘍性皮膚炎及小貓的肺炎。

在皰疹病毒的治療上，由於是病毒性感染，症狀的嚴重程度與貓咪當時的

免疫狀況有關，治療大多不會立即見效。大致上治療是以支持療法1及症狀控制為主，貓咪是非常依賴嗅覺的動物，嚴重的皰疹病毒感染，經常會有眼鼻分泌物產生，導致呼吸不順暢，即便症狀輕微也可能會影響嗅覺而導致食慾下降，針對鼻分泌物的症狀，可以使用噴霧治療及滴生理食鹽水於鼻孔的方式，液化黏液幫助排出；如果有二次性感染，可以使用抗生素治療；若脫水、發燒、食慾不振等狀況較為嚴重時，可能需要住院，並積極治療。另外也可以使用抗病毒藥物Famciclovir，但是此藥物價格較為高昂，通常用於臨床症狀較為嚴重的案例，或是其他治療效果不佳的情況。若有懷疑是因皰疹病毒引起之角膜潰瘍的發生，也可使用抗病毒眼藥水進行治療，特別注意，若角膜潰瘍已形成角膜壞死，極有可能需要進行手術移除壞死病灶。

皰疹病毒感染的各種狀況

若是正在發病時：

1、配合醫師的治療

最常見的上呼吸道症狀，經常會讓貓咪非常的不舒服，在治療上一般是先採取支持療法及控制二次性感染，若狀況仍無法改善，有時會合併使用抗病毒藥物，請務必依照醫師指示完成計劃的療程唷。

2、增加食物的香氣

仰賴嗅覺的貓咪，因為上呼吸道的感染，經常會喪失食慾，進而造成營養

註1. 支持療法：支持療法意指提供病患所需照護的治療，這樣的照護經常不是直接在治療特定疾病，而是針對其帶來的症狀及併發症等做相對應的控制，目標通常以維繫動物之基本生活需求與生活品質為主，例如當皰疹病毒感染導致脫水時，給予輸液治療以維持貓咪的水合狀態，輸液治療並非針對病毒本身，而是疾病引起的症狀做治療。

不良及脫水。倘若有食慾不佳的狀況，在飲食上可以選用味道較重的食物，或是將可加熱的食物稍微加溫，增加食物的風味。

3、環境的清潔與消毒

發病中的貓咪，會排出具有傳染性的皰疹病毒，不管是單貓、多貓家庭，都建議要在環境的清潔與消毒上多花一點時間，在消毒中，效果較佳的為Chlorhexidine、30倍稀釋漂白水及衛可。

若曾經感染過皰疹病毒，目前沒有症狀：

1、減少壓力

減少壓力是最重要的一件事，讓貓咪吃好、喝好、睡好，減少舉凡一切會讓貓產生壓力的事物來源，避免壓力導致免疫力下降，而又再次引發疾病。

2、保健食品

大家最耳熟能詳的大概就是離胺酸了，關於離胺酸在貓皰疹病毒的相關研究上，最新的資訊顯示離胺酸對於貓皰疹病毒的治療及預防並沒有幫助，但是如果您還是想使用，則使用建議劑量即可，不需要刻意增多劑量以求效果。

3、預防針

皰疹病毒的預防針無法達到100%的保護力，但能有效地減輕貓咪感染發病時的臨床症狀，所以即便貓咪有感染過皰疹病毒，還是會建議持續做預防針的施打，若是高風險族群，建議要做每年一次的預防針安排，但要特別注意，不要在生病時進行預防針的施打喔。

 貓奴筆記

- 對付皰疹病毒，最重要的是吃好、睡好、沒有壓力，盡量移除可能造成貓咪壓力的來源，像是環境的變動等，提供適口性高且營養的食物。

大量的保健食品添加，
反而讓貓咪備感壓力與挫折，導致免疫力下降。

讓貓咪開開心心地吃東西，
無壓力與挫折，免疫力不易下降。

關於皰疹病毒，
飼主常見問題

除了前述提到皰疹病毒感染的相關狀況，以下還有許多問題提供給飼主參考。

Q： 我怎麼知道我的貓真的是皰疹病毒感染？

A： 要做到確診其實是不容易的。在發病時採取眼鼻分泌物外送PCR檢測定序，可以增加診斷的可能性。

Q： 我有2隻貓，其中一隻有皰疹病毒感染，需要隔離嗎？

A： 若2隻貓生活在一起，十之八九2隻都有皰疹病毒，只是有無症狀的發生，通常與個體的免疫狀況有關，如果隔離反而造成任何一方有壓力的話，不建議隔離，除非隔離是可以降低彼此的壓力。

Q： 皰疹病毒帶原的貓咪無時無刻都具有傳染力嗎？

A： 大多時候，受過感染的貓咪是沒有症狀，也不具傳染力的。只有病毒被重新活化時，才會排出病毒，具有傳染力，大多是在壓力大、免疫力下降的時候，但正在排出病毒的貓咪也不一定會有明顯症狀喔。

Q： 貓咪有打預防針還需要擔心皰疹病毒嗎？

A： 貓皰疹病毒的預防針無法杜絕感染，但是可以預防或是減輕症狀的發生。

Q： 我只有1隻室內貓，需要每年施打預防針來預防皰疹病毒嗎？

A： 目前市面上含有皰疹病毒的疫苗，力價效力為1年，依目前WASAVA疫苗指南建議，若風險低，沒有跟其他貓或病原接觸的機會，則配合貓瘟疫苗，每3年施打一次即可。

Carrier Training
重要的盒子——外出籠的訓練
締造好的外出籠使用經驗

對貓咪來說，外出籠如果可以是一個讓貓放鬆、不害怕的運輸工具，那不管是去看醫生或是搬家，過程對貓咪來說都會輕鬆許多，試著了解貓咪不喜歡外出籠的可能原因，並增加正向的經驗連結，讓外出籠之於貓咪，不再是一個可怕的盒子。

　　家貓的一生中，除了貓奴之外，最重要的東西大概就是外出籠了，不但看醫生需要外出籠，搬家、發生緊急狀況疏散時也需要外出籠，這麼重要的一個東西，如果貓相當排斥，或對貓造成緊迫，有可能會釀成嚴重的問題。試著想像如果住處發生火災要緊急疏散時，貓抓得到卻放不進外出籠裡的場景，後果不堪設想。因此，選擇一個合適的外出籠，從小開始訓練貓主子，讓他覺得外出籠是個舒適安全的空間，是相當重要的課題。

　　外出籠訓練的目的，除了讓貓不會排斥外，在「貓行為學」的概念中，還會希望可以利用正向經驗的聯想，幫助貓咪對之後的目的地也有好的經驗，畢竟大部分需要外出籠的時候，都是去動物醫院或去住宿的狀況，如果能對外出籠有好的經驗，也能為接下來的行程帶來正面的幫助。

　　貓從小開始訓練當然是最容易的，但即使是成貓，已對家中的外出籠極度

排斥，大多數的狀況下，我們還是可以找出問題，慢慢地讓貓咪接納外出籠，幫助他們在將來的旅行中更放鬆，有助於他們的身心健康及動物福利。

貓不喜歡外出籠的原因

經常聽到飼主說，家裡的貓一見到提籠就跑，或在提籠中很緊張，外出就醫對貓咪或是飼主都是極具壓力、非常麻煩的一件事，也往往拖延了病情而因此惡化。了解主人的擔憂與協助降低貓咪就診的緊迫，也是獸醫的責任，當我們發覺家裡的貓排斥外出籠時，可以先試著把可能的問題條列出來檢視：

1、進入籠子的過程，有無任何負面的聯想

舉個例子，像是曾經強迫或是硬塞貓咪進籠子，皆會造成負面的聯想，讓之後的動作一次比一次困難，因此我們應該停止任何強迫的行為，採取適當的訓練方法，如果貓咪對於現有的外出籠已有強烈的厭惡感，建議另外購買一款新的外出籠重新訓練。

2、外出籠的大小

　　適當大小的籠子，應該能夠讓貓咪在裡面4隻腳著地站立，並能輕鬆地轉身。若籠子太小，可能會讓貓感到不舒服且有壓力；若籠子太大，貓可能會反而沒有安全感。好的開始就是成功的一半，購買一個大小適當的籠子是非常重要的。

3、籠子內是否有其他貓的氣味

　　試著回憶在不同的時間點，是否曾經用同個提籠帶過不同貓咪出門，如果這些貓咪的關係並沒有那麼親密，籠子內殘留的氣味、尤其又被限制在一個無法避開及逃離的籠子內，可能會讓貓感到焦慮、挫折；更進一步來看，如果曾經用過這個籠子的貓咪，在外出籠中感到緊迫時，會在運輸的途中，由腳底釋放帶有害怕及焦慮信息的費洛蒙，當下次另一隻貓也使用同一個籠子運輸時，就會接收到相關的訊息，讓貓感到擔心、害怕，所以理想上，外出籠共用前後都需要先做適當的清潔，最好的方法就是每隻貓都要有專屬的外出籠。

4、超過一隻貓以上被裝在同個外出籠

　　即使貓咪在家相處融洽，強迫他們待在一個無法逃跑的狹小空間中，可能會導致緊張及敵對的發生，因此，適當的方式還是以一貓一籠為原則。

5、只有去動物醫院或是住宿時才會進外出籠

　　如果貓咪只有在被帶去動物醫院或住宿時，才會被裝進外出籠，貓咪對於外出籠不好的經驗會延伸至動物醫院與住宿處，讓貓咪還未到這些陌生的地方即感到緊迫，更難讓貓咪在這些地方有好的經驗，而這些不好的經驗形成一個惡性循環，貓咪會很快地建立外出籠與這些地方的負面聯想，最好的方法就是將外出籠當作是家具的一部分，平常就擺放於貓可以任意進出的位置，打破相關的負面聯想。

6、不喜愛外出的運輸過程

外出籠經常與運輸過程聯想在一起，如果貓咪對運輸過程感到排斥，像是有些貓會暈車或是討厭運輸時籠子產生的晃動，甚至過程中接收外界過多的噪音，都有可能讓貓將負面的情緒或身體的不適，直接與外出籠連結。

理想的外出籠

每隻貓都應該有專屬適當的外出籠。

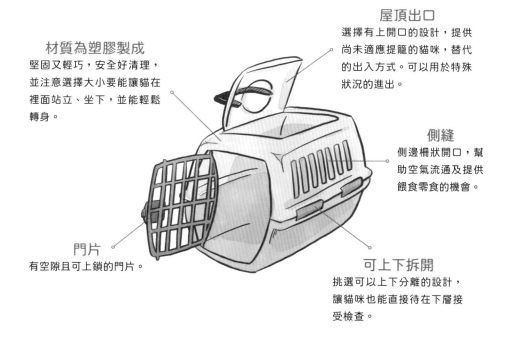

屋頂出口
選擇有上開口的設計，提供尚未適應提籠的貓咪，替代的出入方式。可以用於特殊狀況的進出。

材質為塑膠製成
堅固又輕巧，安全好清理，並注意選擇大小要能讓貓在裡面站立、坐下，並能輕鬆轉身。

側縫
側邊柵狀開口，幫助空氣流通及提供餵食零食的機會。

門片
有空隙且可上鎖的門片。

可上下拆開
挑選可以上下分離的設計，讓貓咪也能直接待在下層接受檢查。

 貓奴筆記

■ 如果貓咪先前就對這個提籠有不好的經驗，那麼會建議另外再購買一個舒適且大小適當的提籠，再開始提籠訓練，減少負面的聯想。

完整的外出籠訓練

　　完整的外出籠訓練，不僅僅只是把籠子打開並擺放在家中，而是透過循序漸進的引導過程，讓貓咪習慣及建立良好的連結，此一方式，雖看似麻煩，卻能真正有效地達到目標，對貓咪未來的生活也會有正向的幫助。

Step1

- 初次引入家中，上蓋分離後，在下層鋪上貓咪平常的睡墊，並將之放在屋內安靜的地方，讓貓咪自由探索，若已有不好經驗的貓，可以使用 Feliway® Classic（安撫貓咪情緒費洛蒙噴劑）噴灑在四周輔助。

Step2

- 貓靠近時，利用零食或玩具，讓貓有正面的情緒，甚至願意趴在裡面持續一段時間。

Step3

- 待貓咪習慣後，於貓不在墊子上時，加上上蓋，並重複上一步驟的做法，讓貓有正面情緒，並願意進入裡面休息，持續一段時間。

Step4

- 待貓咪習慣後，於貓不在墊子上時，加上門板，此時不要關閉，趁貓在裡面吃零食或休息時，嘗試短暫關閉幾秒立刻打開，持續維持正面情緒一段時間。

Step5

- 待貓咪習慣後，嘗試關閉較長的時間，除了籠內有零食外，於關門時也持續利用提籠縫隙跟貓玩，維持正面情緒持續一段時間。

Step6

- 等貓咪完全習慣關門後，籠子可以常開式的方式擺放於家中安靜位置，讓貓可以自由進出、慢慢習慣，並覺得這是一個不需要害怕的東西。

 貓奴筆記

- 將外出籠放置在家中貓咪活動的區域，鋪上貓咪喜愛的毯子，噴灑貓費洛蒙、擺放零食及貓薄荷鼓勵貓咪探索提籠。

害怕外出籠或有不好經驗的貓咪，出門變得相當困難。

Teeth Eruption and Dental Health
30個小白牙──換牙與保健
了解換牙的過程，維持口腔健康

貓咪牙周的問題，其實比想像中常見，從換牙階段開始，固定檢查口腔及練習刷牙，再配合認證的產品做使用，為貓咪日後的牙周健康奠定良好的基礎。

　　小貓約在3週齡時會開始發出乳牙，最先是前排的切齒與兩側的犬齒，會在3～4週齡時發出，接著前臼齒會在5～6週齡時發出。乳牙共有26顆，包含有切齒（上下）共12顆、犬齒（上下）共4顆、前臼齒（上6顆、下4顆）共10顆，乳牙通常較為尖銳，即便在更換成恆久齒之前，咬人也是相當疼痛。

　　換牙的時間約在3月齡時開始，切齒與犬齒約在3～5月齡時發出，而前臼齒與另外再長出來的4顆臼齒在4～6月齡時發出，此期間因為正值換牙，容易出現啃咬的行為屬於正常。通常換下來的牙齒會直接被貓咪吞下，不會被飼主發現，飼主也應該在此期間經常檢查貓咪的口腔，確認有無乳牙滯留或是牙齦過度發炎的狀況。若超過6個月以上，乳牙滯留情況仍存在，容易引起齒列不正、咬合錯位等情況，日後也較容易出現牙周病的問題。

口腔保健

　　隨著飼養觀念的提升，貓口腔保健的預防觀念，已經取代了早期出問題再來處理的想法，儘管每個家庭與貓咪都有各自的飲食習慣，但無論是用乾飼料、濕食、生食或混合飲食，沒有任何一種飲食可以完全杜絕牙周問題的發生，最有效且方便的作法就是為貓定時刷牙與做口腔檢查。口腔檢查未必一定要去醫院才能進行，有些項目是可以在家中自行觀察的，像是檢查並記錄有無缺牙、斷牙與疼痛反應等。

 貓奴筆記

貓的牙齒數量，分上／下排來計算：

（I：切齒，C：犬齒，P：前臼齒，M：臼齒）

■ **乳牙26顆**：I（6／6），C（2／2），P（6／4）。

■ **恆久齒30顆**：I（6／6），C（2／2），P（6／4），M（2／2）。

　　大多數的貓不會乖乖地讓你刷牙或是開嘴檢查，刷牙及口腔檢查建議從小就要開始訓練。成貓依然有機會訓練成功，但是不要在口腔不適時進行刷牙訓練，例如換牙、已出現嚴重牙齦炎時，建議先進行治療，待口腔較為舒適後，才開始刷牙的訓練。有效的刷牙需要每天進行一次，可以搭配VOHC認可的潔牙產品輔助使用。另外，目前提倡每年最少做一次完整的口腔評估，除了給獸醫師檢查外，建議還要包含正式的牙科X光檢查，並依照狀況定期安排洗牙，以完善照護貓咪的口腔健康。

選擇認可的產品

　　貓咪的牙齒保健相當重要，除了平常就要刷牙，許多飼主還會選用一些額外的保健產品，希望可以幫助維持口腔健康。但是一走進寵物店裡，玲琅滿目的潔牙、保健產品，標榜的效果不一，但僅僅依賴包裝上的說明，有時候真的很難判斷到底哪些是真的有效，而且適合自己貓咪狀況的產品。

 貓奴筆記

- 幼貓常見牙齒問題：乳牙滯留、齒列不正。
- 2歲以上成貓常見的牙齒問題：牙周病（牙齦炎／牙周炎）、齒吸收（替換吸收／炎症性吸收）、口炎、缺牙。

2019年VOHC認可的保健產品

品牌	產品	預防牙菌斑	預防牙結石
Hill's Pet Nutrition	Prescription Diet Feline t/d®	✓	✓
	Science Diet® Oral Care for Cats	✓	✓
	Healthy Advantage™ Oral+ for Cats	✓	✓
Nestle Purina PetCare	Purina Pro Plan Veterinary Diets (PPVD) DH Feline Formula dry cat food	✓	✓
	Purina DentaLife Daily Oral Care Cat Treats (two flavors)		✓
Royal Canin	Royal Canin Feline Dental Diet	✓	
HealthyMouth LLC.	ESSENTIAL™ healthymouth® PreDent Anti-plaque water additive with Cranberry	✓	
	ESSENTIAL™ healthymouth® NutriNeeds™ Daily Dental Care & Nutrition Care-in-One Water Additive	✓	
	ESSENTIAL™ healthymouth® NutriNeeds™ Daily Dental Care & Nutrition Care-in-One Water Additive with Superfood Flavor Toppers	✓	
	ESSENTIAL™ healthymouth™ Anti-plaque gel	✓	
	ESSENTIAL™ healthymouth™ Anti-plaque spray	✓	
	ESSENTIAL™ healthymouth™ Gel and Brush Combination	✓	
	ESSENTIAL™ healthymouth™ Anti-Plaque Daily Topical Wipes	✓	
Nutro／Greenies Company	Feline Greenies® Feline Dental Treats		✓
Whiskas	Whiskas® Dentabites Cat Treats, Chicken and Salmon flavors		✓

目前較建議的方式為：在標榜口腔保健的產品上，確認有無VOHC®的認證標誌，VOHC®（Veterinary Oral Health Council）是美國的獸醫口腔健康協會，他們會針對全世界的犬貓口腔保健產品所聲稱的效果，進行審查認證，其中主要包括減少牙菌斑（Plaque）及牙結石（Tartar）2種類型，並在網頁上持續更新發佈認可的犬、貓產品清冊，以及它們所被認可的效果。大家準備購買相關產品時，不妨可以先瀏覽一下網站或是特別注意一下產品有無相關的認證。VOHC的網頁中也會更新當前已不推薦的相關產品喔！

訓練刷牙的步驟

Step1
- 選擇要使用的刷牙工具：指刷、小牙刷、紗布塊。

Step2
- 先以肉泥或罐頭中的液體來取代牙膏進行練習。

Step3
- 刷牙以上下牙齒外側表面為目標對象。

Step4
- 每次練習完畢後，記得給予喜愛的零食作為獎勵。

Step5
- 等貓咪習慣後，轉換成正式的寵物牙膏，每次刷完牙都要記得給予獎勵，不要忘記提供喔！

看到主人拿起牙刷，拔腿就跑的貓貓。

Vaccination and Neutering

健康日誌──疫苗與絕育

讓貓貓頭好壯壯

貓咪的疫苗施打及絕育手術時機,是貓奴們都
會遇到的問題,預先了解施打疫苗的目的及絕
育手術的建議,讓貓咪都能在適當的時機完成
這些必要的安排。

　　貓的疫苗種類繁多,除了各種廠牌、不同病原、單劑型或複合劑型外,又
再分減毒、死毒疫苗,許多死毒疫苗為了要讓其能夠引起足夠的抗體反應,會
加入佐劑的使用,而佐劑又再區分為含鋁、不含鋁,這些複雜的層層關係,也
讓大部分的飼主經常搞不清楚自己到底給貓咪施打了什麼疫苗,以及如何與獸
醫師討論最適合的疫苗。

　　站在貓飼主的角
度,我們最想知道的
是自己的貓需要的預
防計劃。首先我們就
先來了解「核心疫苗」與
「非核心疫苗」的差異與分類。

「核心疫苗」是指每隻貓都建議要施打的疫苗；而「非核心疫苗」，指可依風險程度評估是否需要施打的疫苗，換言之，以「核心疫苗」為中心，依照每隻貓咪的風險程度，評估是否追加「非核心疫苗」就是目前預防計劃的安排要領，當然風險程度是會隨著時間與環境改變的，所以「非核心疫苗」的追加與否，理應以每年的狀況來做評估。

　　「核心疫苗」包括有貓瘟、皰疹病毒、卡里西病毒；「非核心疫苗」則包括有披衣菌、白血病、愛滋病。根據目前「世界小動物獸醫協會」公告的疫苗

 貓奴筆記

需接踵疫苗的高風險族群有：

- 多貓家庭。
- 貓經常會出門及外宿貓旅館。
- 飼主或照顧者經常出入／接觸其他貓。

施打指南，首年度及首次施打以外，核心疫苗的施打建議為：貓瘟每3年一次，貓皰疹病毒及貓卡里西病毒則依其風險程度，每1～3年施打一次，例如單貓家庭，貓不會外出，沒有與其他貓接觸的機會，可以3年做一次「核心疫苗」注射即可；貓白血病與貓愛滋病疫苗，是依照貓的生活型態來決定是否需要；根據《犬貓疫苗注射指南》，貓傳染性腹膜炎疫苗是不建議施打的。

首年疫苗要打幾次

疫苗施打的意義在於利用弱化的病原，預先讓免疫系統認識此病原，進而在預期的期間內形成保護效力，將來再次遇到病原，可以有效快速地產生免疫反應與抗體，防止疾病的發生。幼貓首次施打疫苗時，經常需要連續幾次的補

貓奴小教室

常見疫苗種類：

- 單一貓瘟疫苗：為核心疫苗。
- 單一貓白血病疫苗。
- 單一貓愛滋病疫苗。
- 單一貓傳染性腹膜炎點鼻疫苗：目前WASAVA不建議施打。
- 貓二合一：貓皰疹病毒＋貓卡里西病毒：為核心疫苗。
- 貓三合一：貓瘟＋貓皰疹病毒＋貓卡里西病毒：為核心疫苗。
- 貓四合一：貓瘟＋貓皰疹病毒＋貓卡里西病毒＋貓披衣菌。
- 貓五合一：貓瘟＋貓皰疹病毒＋貓卡里西病毒＋貓披衣菌＋貓白血病。
- 單一狂犬病疫苗：在疫區，屬於核心疫苗。

貓疫苗的種類

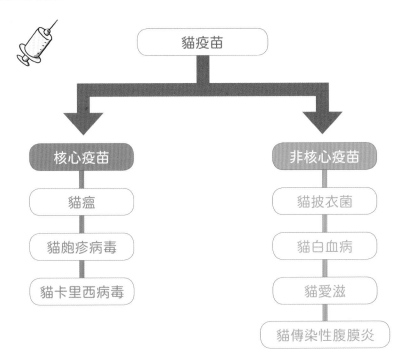

強注射，主要原因是出生後「母源抗體」會持續存留於幼貓體內最久至16週大左右，弱化的病原在幼貓的免疫系統有機會認識前，很有可能已被「母源抗體」清除，沒有達到預期的效果，然而我們無法預知每一個體的「母源抗體」會在體內留存多久。「母源抗體」雖然可以保護幼貓，不過少於一定的量就失去了保護的效果，此時幼貓就有感染疾病的風險。連續多次補強注射的用意是希望可以在「母源抗體」消失時，立即引起幼貓自身的免疫系統，產生抗體與有效的免疫反應。

目前首年度核心疫苗的建議施打方式為6～8週開始，每隔3～4週補強一劑，最後一劑應在16週大後完成。如前所述，母貓給小貓的「母源移行抗體」最久在16週時會消失，所以要確保16週以上時施打最後一劑，因此幼貓要施打的劑量數是依起始週齡，按照規定間隔與結束的時間，來決定需要施打的次數。若是從來沒有打過預防針且已經超過16週以上的貓，則首次施打「核心疫苗」的建議方式為施打2劑，兩劑之間須相隔3～4週，即完成首次「核心疫苗」計劃。

疫苗注射位置

貓奴們可能都聽過「貓注射位置肉瘤」（FISS），是一種惡性的軟組織肉瘤，發生在疫苗或是其他藥劑的注射位置。肉瘤通常進展快速，具有高度的局部侵略性，轉移的機率為10～28%。一般來說，有佐劑的疫苗所造成強烈的局部發炎反應，被認為與FISS的發生有關，尤其是含鋁的佐劑。無佐劑疫苗通常為「減毒疫苗」，與某些重組疫苗發生FISS的可能性低。根據《犬貓疫苗注射指南》，大部分的狀況下，接種疫苗的好處還是大於FISS發生的危險性（FISS的發生，估計少於1／10,000劑疫苗）。

無論貓要施打何種疫苗、有無佐劑，事實上疫苗注射引發腫瘤的發生機會極低，目前建議的施打位置為「肢端遠處」，距離可以切除的部位至少5公分以上，如四肢或尾巴的皮下。每次施打時也要記錄位置，施打不同疫苗時需要更換注射位置。若發生疑似腫瘤的狀況，務必遵從「3-2-1」原則：團塊在預防注射後「3」個月仍然存在、如果團塊大於「2」公分直徑、如果團塊在預防注射後「1」個月仍然持續變大，如有以上任何一個狀況，建議手術移除團塊並做病理切片確認。

依小貓不同情況施打疫苗

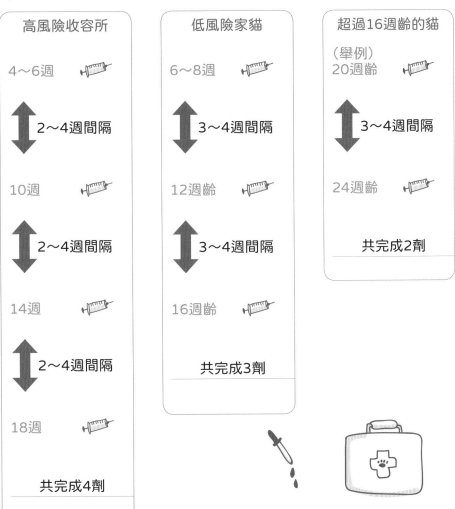

絕育安排

今日資訊爆炸且醫療新知不斷進步的時代，大家在絕育手術的時間安排上，總是充滿了許多疑問，網路上也充斥著許多年代久遠的觀念，現今隨著醫療水平的提升，其實健康的貓咪在3～4月齡時就可以安排絕育手術，研究更顯示年紀越輕的貓咪，麻醉帶來的風險是更小的，術後也恢復地更快。

絕育手術流程須知

Step1
- 術前醫師諮詢及做血檢等健康檢查，確認貓咪身體健康無虞。

Step2
- 選擇手術當天及隔天有空的時間。

Step3
- 術前需要6～12小時空腹的時間，流質3小時空腹。

Step4
- 手術當天會待在醫院好幾個小時，通常半天至整天。

Step5
- 術後接回依指示佩戴頭套及用藥，通常有止痛藥（一般不需要抗生素）。

Step6
- 術後10～14天回診拆線及檢查傷口，若是免拆線傷口亦建議檢查傷口。

　　公母貓早期絕育可以減少未來噴尿的機會，以及減少侵略性行為的發生，並沒有像傳聞中會造成公貓尿道狹窄的問題，且已透過實驗證實是沒有相關性的；母貓在發情前絕育，更可以減少未來發生乳腺腫瘤的機會。當然每隻貓咪的狀況不盡相同，每間醫療院所備有的相關藥物、設備也不盡相同，所以時間的安排並沒有絕對，還是以跟獸醫師的討論為主。

1、絕育的好處

■ 減少噴尿及侵略性行為。

■ 減少逃家行為 。

■ 避免睪丸腫瘤的發生。

■ 避免子宮蓄膿的發生。

■ 避免卵巢腫瘤的發生。

■ 減少乳腺腫瘤的發生機會。

2. 絕育後需注意的事

■ 容易有皮下脂肪的堆積。

公貓的絕育手術一般來說是將睪丸移除，若患有隱睪症的公貓，不管是單側或是雙側隱睪，都建議要完整移除，避免因為腹腔溫度較高，而導致沒有正常掉落至陰囊的睪丸，日後若發生病變，嚴重甚至可能會壓迫腹腔臟器；母貓絕育手術大多是將雙側卵巢、子宮、部分子宮體結紮移除，尤其要注意雙側卵巢的完整移除，避免日後仍會發情、乳腺腫瘤及卵巢發生病變等問題。

 貓奴筆記

- 貓絕育手術完，身上常會沾染醫院及消毒藥劑的味道，回到家中常會被其他的貓夥伴們認為是不認識的貓，而有攻擊性行為出現。

- 大部分貓咪戴上一般的頭套後，會因為看不到兩側，而不願意正常的吃喝、上廁所，飼主在家陪伴時，可視情況在有人監管下將頭套移除，或是選用軟式的頭套。

打疫苗也有肉泥吃～

寵物居家消毒

身為一個專業的貓奴，大家對於貓咪常見的一些疾病與病原，都有一定程度的了解與認識，也因此我們深知預防傳染疾病，環境的消毒很重要。不管是單貓或多貓家庭、會不會出門等，貓咪可能都會遇到與病原接觸的狀況，例如引進新貓、其他貓咪來訪、本身帶原或感染等，所以當我們的生活環境會讓貓咪有接觸到病原的風險時，如何做好環境的消毒就是一門大學問了。舉個例子，75%的

藥用酒精是家庭中經常被使用的消毒劑，但其實並非所有病原都適用；另外選用醫療院所常用的消毒劑，例如F10、衛可，可能使用上較為方便，但未必就是最全面的；各種消毒劑與常見病原的調查中，發現其實30倍稀釋的漂白水就是最好用且隨手可得的消毒劑。當然良好的消毒唯有建立在適當的消毒劑選擇及正確的操作方式上，才能有效預防病菌的傳播。

貓奴小教室

漂白水消毒劑特性與配置

- 一般使用5.25%漂白水進行30倍稀釋。
- 會受到有機物弱化效果，所以消毒前要先清潔該區域。
- 製備後的液體須避光，可存放24小時。
- 消毒接觸時間至少要10分鐘。
- 對金屬有腐蝕性。

使用各種消毒劑前，除了將貓咪隔離外，建議要對該區域先進行清潔，因為某些消毒劑會因有機物而弱化效果，在進行建議的消毒方式後，最後要再以清水擦拭，避免貓咪直接接觸。以常見的漂白水為例，使用前先用一般的清潔劑移除表面有機物，

準備5.25％漂白水，取適量進行30倍稀釋，稀釋後的溶液要進行避光保存，並且要注意僅能保存24小時，使用時要確實接觸至少10分鐘的時間，最後再以清水擦拭，確保不會被貓咪誤食。

常見病原與消毒劑效果

（++：非常有效，+：有效，+-效果有限，-：無效。）

	75%酒精	Chlorhexidine	5.25%漂白水	衛可	F10/四級氨
貓瘟病毒	-	+	++	+	+
冠狀病毒	+	++	++	++	+
皰疹病毒	+	++	++	++	+
卡里西病毒	-	+	++	+	-
披衣菌	+-	+-	+	+	-
綠膿桿菌	++	+-	++	++	+-
大腸桿菌	++	+	++	++	+
黴菌	+-	+-	+ （需10倍稀釋）	+-	+-
細菌芽孢	-	-	++	+	-
隱孢子蟲	-	-	-	-	-
球蟲	-	-	-	-	-
弓漿蟲	-	-	-	-	-

 貓奴筆記

■ 30倍稀釋的漂白水可以殺滅大部分的病原，但若是遇上黴菌要進行環境消毒，要調整為10倍稀釋才有效喔。

青少貓期

良好的環境，讓貓健康成長與學習

青少貓延續幼貓時期，持續成長學習，建議提供穩定、豐富的生活環境，良好的日常保健，讓貓咪身心發展茁壯。

Chapter
· 2

Daily Life and Environmental Enrichment
生活的樂趣——生活及環境豐富性
生活空間與環境調整，達到貓咪的所需

貓的祖先為獨自行動的動物，當時的野外環境需求，與現今寵物貓的家居生活已有了大幅的不同，面對室內生活領域重疊的問題，要如何藉由環境的配置及調整達到貓的天性所需，著實是一大挑戰。

　　貓的行為問題常導致許多家庭最終選擇棄養或安樂，而這些所謂「問題行為」的發生，經常是因為我們沒有達到貓的環境生活所需。貓需要有足夠的資源去展現他們的自然行為，並能夠自我掌控社交互動，因此，身為貓奴的我們，可以在家中提供貓完整的所需，來增進貓的健康與福利。

　　貓的環境需求包含有實際存在環境中的物體、設施，以及與人、其他動物的社交互動。貓很常隱匿自己的壓力、疼痛與疾病，若我們能為貓的日常生活，預先提供完善的環境所需，就有機會大大改善由環境壓力造成的行為問題，並減少由壓力衍伸而出的相關疾病發生。

　　貓最早的祖先被認為是位於北非野外的 Felis lybica（北非野貓），當時的貓為獨自行動的動物，依賴獵食小型哺乳類為生，具有強烈的領域特性，並會

主動採取防禦姿態，來對抗領地的入侵者。但演化與馴化至今，讓現今的寵物貓在環境所需及行為上已經有了許多的不同。

祖先貓的環境所需與行為

- 獨自的獵食者，幾乎大部分時間都在尋找獵物、躲避危險與掠食者。
- 領地受到侵犯時會感受到威脅性。
- 覺得受到威脅時，利用氣味、肢體語言、聲音來表達。
- 擁有絕佳的嗅覺與聽力，強烈或不熟悉的聲音，以及味道會造成壓力的產生。
- 貓雖有形成群體的能力，但僅限於與之相關的貓或其兄弟姊妹。

達到現今貓的所需

以下幾點方式，可以更了解如何為家貓打造一個快樂的生活空間。

1、提供一個安全的空間

每隻貓都需要有一個安全、隱蔽的空間，讓他可以躲藏或休息，並覺得在這裡是受到保護的。這個空間要夠大、離開地面且一側是牆面，最簡單的例子就是布置很多大小不同的紙箱在家中地面還有高處，讓貓可以自由選擇躲藏的位置。

2、提供多元且獨立的資源

關鍵的資源包括有食物、水、廁所區域、貓抓物區域、玩耍區域以及休息睡覺區域。每隻貓都應該要有自己獨立的資源，這樣可以避免任何程度的資源競爭，達到減少壓力和相關可能的疾病發生。

3、提供玩樂與獵食行為的機會

玩樂、獵食行為可以滿足貓的自然獵食需求，像是提供老鼠玩具、逗貓棒等模仿獵物行動。避免使用手、腳與貓玩樂，可以使用互動式餵食器，模仿貓打獵獲取食物，提供更自然進食的方式。要記得常與每隻貓玩樂，並正向鼓勵貓使用玩具。

4、提供正向、持續且可預期的社交互動

每隻貓都是獨立的個體且有自己在社交上的喜好，像是在與人的互動上，每隻貓被摸、被梳毛、一起玩樂、趴在主人腿上或被抱起時等，都有著不一樣的互動反應，這些傾向大部分來自於幼貓在敏感期所接觸的事物。記得要尊重每隻貓的喜好及反應，不要強迫做不喜歡的互動。

5、提供尊重貓嗅覺的環境

貓跟人類不一樣，他們利用嗅覺去評估周圍的環境，貓會在熟悉的環境中，藉由用臉部或身體摩擦物體留下特殊的費洛蒙訊息，以建立與環境的連結，像在新的貓咪加入家中或環境、人事物有所改變時，要避免將這些信息清除掉。像是Feliway®這種合成的費洛蒙產品，能夠模仿貓的臉部費洛蒙，在貓面對氣味改變的狀況下，幫助其放鬆、減低壓力。若有威脅性的味道出現或貓無法在某些位置留下自己的氣味，可能會導致出現噴尿、不正常位置排便及在我們不希望的位置留下爪痕等行為，甚至在某些狀況下，還會導致壓力相關的疾病出現。

費洛蒙

嗅覺是貓進行溝通的重要工具之一，透過嗅覺系統所接收的物質包含氣味分子與費洛蒙，而其中傳遞的訊息包括有：性別、生理狀態、過去的社交與環境經驗、性的接受度、合適度、熟悉程度等。

費洛蒙在嗅覺系統中扮演著極為重要的角色，在貓位於不同位置的腺體分泌產生，再藉由排便排尿、磨爪及摩擦物體的動作來留下這些訊息分子，以便在特定標的物上留下記號及要傳遞的訊息。

 貓奴筆記

■ 用玩具跟貓玩時，要記得適度地讓貓抓到，不然貓咪會覺得沮喪而有負面情緒的連結。

　　臉部腺體所產生的費洛蒙，是透過貓的臉部摩擦物體的方式留下氣味，目前已被辨識出的有5種，其中F3費洛蒙就是被廣泛用於適應環境、減少壓力的FELIWAY® CLASSIC，而幾年前也曾推出過與維持群體生活有關的F4費洛蒙

貓奴小教室

1、目前已被辨識出來的5種臉部費洛蒙

■ F1：功能尚未清楚 　　　　　 ■ F4：與維持群體及團體生活有關

■ F2：與性相關的行為有關 　　 ■ F5：功能尚未清楚

■ F3：與領域行為有關

2、貓把嘴巴半開停滯不動的動作稱之為「裂唇嗅反應」，目的為正在透過上排切齒後方的切齒孔接收費洛蒙分子。

產品FELIWAY® FRIEND，可以適用於改善多貓家庭的相處狀況，近年CEVA公司，停產了原有F4臉部費洛蒙版本的FELIWAY® FRIEND，推出了新的FELIWAY® FRIENDS，此產品為來自乳腺（MAMMARY SULCUS）的合成費洛蒙，模擬來自母貓餵奶時，由乳腺釋放出能安穩幼貓情緒的訊息，應用上能幫助貓咪間恢復融洽的相處，但費洛蒙產品在使用經驗上，貓個體間的反應不盡相同，要視每隻貓的狀況而定。

嗅覺的環境豐富性

近代貓行為學中，環境豐富性逐漸受到重視，經常可以看到飼主們很用心打造適合貓咪的生活環境，像是可以遠眺窗外的檯面、牆面上的跳台、與家具融合的躲藏處等，但在環境豐富性這個議題中，貓嗅覺的環境豐富化卻經常被我們忽略。所謂嗅覺的環境豐富性，通常可以直接從字面上的意思去了解，就是增加嗅覺上的正面刺激，增進動物的生活品質與動物福利，避免負面情緒和行為問題的發生等。

大家最常聽到與使用的嗅覺道具為貓薄荷，這個植物可以引起家貓與大貓（豹亞科）的欣快感。然而我們也知道，有一部分的家貓與大部分的老虎，對於貓薄荷是沒有反應的。某些植物或許也有相似的效果，但大多是軼事性的揣測，沒有實際的研究證實，或是實際去分析過這些植物中所含的哪些化學物質導致貓的反應。

裂唇嗅反應

2017年有一篇文章針對這個問題，調查了貓對貓薄荷以及其他幾項植物，有反應的比例有多少，得出下列的結果：貓薄荷葉片與花乾燥碎屑：68％；木天蓼乾燥蟲癭果實粉：79％；韃靼忍冬木屑：53％；纈草根的乾燥碎屑：47％。我們以前就知道不是每隻貓都對貓薄荷會有反應，這篇研究也發現對貓薄荷沒有反應的貓中，有71％對木天蓼乾燥蟲癭果實粉有反應，32％對韃靼忍冬木屑有反應，而只有19％對纈草根乾燥碎屑有反應，因此，也得出了木天蓼乾燥蟲癭果實是貓薄荷最好的替換品的結論。

　　除了貓薄荷外，上述的植物或是其製作的玩具，也可以增進嗅覺環境的豐富度、增加貓玩耍的時間，特別是用於不愛動、過胖或缺乏外界刺激的貓，或是提供給獨自在家的貓玩，讓他們破壞、享受其中；在收容所裡，也可以運用這幾個植物來幫助貓社會化，增加他們被領養的機會；另外，這些植物也或許可以用來當作訓練的獎勵。

　　不過，上述的植物能否用來降低貓在醫療過程、運送或住院期間的壓力？這部分可能還需要更多的研究。以目前的了解，在這些緊迫的狀況下，植物或是正面嗅覺最多也只能提供協助的角色，無法取代動物醫院環境的改善、人員操作的訓練、對貓的熟悉，以及適當的藥物使用。

貓咪對貓薄荷的反應不一，有時候反應可以很……

Introducing New Cat
一生好友──引進新貓
循序漸進的引進，漸少可能的衝突與壓力

貓咪領域的天性，讓新舊貓的相處充滿了挑戰。成功的引進，能夠為貓咪們帶來正面的影響，反之，無計劃的引入，可能會導致不管是新貓或是舊貓極大的負面情緒，進而帶來問題的發生。

　　近年來，人們逐漸了解到養貓的好處，對於貓咪獨樹一格的習性也愈來愈能夠體會，除了養貓家庭愈來愈多外，多貓家庭的比例也逐年升高。貓的魔力有時候是很難抗拒的，一不小心，家裡的貓口就一隻一隻地增加，這樣的模式下，帶來了新、舊貓相處的挑戰與問題，我們知道每隻貓都有自己的環境需求，也明白貓咪有能力可以跟其他的貓生活在一起，然而無計劃性地直接引入新貓，往往會造成原先可以避免的攻擊行為和雙方壓力的產生，倘若相處不融洽的狀況持續甚至加劇，對於家庭的所有成員都會有負面的影響，更擔心貓因為長期處在壓力之下，而引起相關疾病的發生。

如何讓新的幼貓加入原本就有貓的家中

　　雖然幼貓與成貓相比之下，較容易被原本家裡的貓咪接受，但是如果能讓新、舊貓見面前做好準備，也可以讓之後彼此的相處更融洽，避免不必要的衝突發生喔！

Step 1. 見面前的準備

1、貓的個性：

　　選擇新的幼貓時，想想家中貓的個性，如果他的個性膽小、害羞，那就不要挑選一隻極度自信且過度活潑的幼貓。

2、充足的時間：

　　將幼貓帶回家後，你會需要花時間安頓一切，通常會建議安排在連續假期之前，家裡的狀態也建議是要相對平靜。

3、貓籠與獨立的房間：

　　預先準備一個大的貓籠，大小除了要能夠擺放貓窩、貓砂盆、食物、水及玩具外，還必須要有一定的活動空間，並將這個大貓籠擺放在家中的空房間或是家中原本的貓不常去的房間。在見面前，幼貓可以出到籠子外活動，甚至可以把貓砂盆以外的東西擺放在籠子外，但房門必須是關著的。

4、混合氣味：

　　在見面之前，嘗試將幼貓的氣味散播於家中各處，像是交換睡過的貓窩或是毯子等。

Step 2. 見面認識對方

　　準備見面時，挑選餵食的時間點，將幼貓限制在貓籠內進食，此時可以將房門打開，讓家裡原本的貓進來自由探索，可以在一定的距離處擺放原來的貓喜愛的零食，鼓勵他在這個安全的距離下邊觀察邊吃東西。

　　這樣的見面方式可以持續一段時間，直到兩隻貓以這種方式見面時都相當冷靜且放鬆後，再將整個貓籠移動到原本的貓經常會活動的區域，再持續一樣的見面方式直到雙方再次適應。完整的見面過程可能需要花上幾週的時間。

Step 3. 正式互動

　　當兩隻貓都已經互相認識熟悉後，就可以正式打開貓籠，讓兩隻貓直接接觸，但剛開始還是建議要在有人監督的狀態下進行，直到互動與關係都相當穩固後，我們才能在沒有監督的狀態下完全地開啟籠子。

　　過渡期間，要多注意原來的貓，給予規律的食物與玩樂相當重要，這樣能

 貓奴筆記

讓氣味成為家裡的一部分：

- 主動的：貓用臉部蹭傢俱、牆角及抓貓抓板。
- 被動的：睡覺用的墊子或床墊上的氣味或玩過的玩具。

　　讓他覺得新貓的出現，食物來源和平常的玩樂沒有因此減少。另外，每隻貓都應該要有獨立的資源，包含貓窩、貓砂盆、食物碗、水碗等，且要擺在不同的地方。

如何讓新的成貓加入原本就有貓的家中

　　完善的引進過程常會花費許多時間與準備，往往能帶來相當不錯的成效，更重要的是兩隻貓能夠相處融洽，不但飼主、家人覺得開心，對貓來說緊迫與壓力也會相對減少。要將新的成貓加入到家中，是一件相當困難的事，即使一

切都做對了，也不見得會一切順利。有些貓咪就只想當獨行俠，飼主要能夠認知這樣的狀況，以確保貓咪們都能有最好的動物福利。

Step 1. 見面前的準備

準備一間空房間或一間家裡原有的貓不太喜愛逗留的房間，作為新貓到家後的暫時住所。

確定這個房間有充足的資源，包括食物、水、可以放置貓窩的舒適位置、能夠躲藏的地方、貓砂盆、玩具及貓抓板。這些東西最好是跟著新貓來的或是全新的，建議不要使用原來的貓使用過的東西，上面留有的氣味會讓新貓無法

放鬆。

在新貓即將入住的房間內，以及原有的貓經常出沒的地帶，使用人工合成的Feline Facial Pheromone（FELIWAY®），可以幫助新貓更快地適應新環境；也會讓原來的貓更有熟悉感，而不會覺得自己的領地遭到威脅。如此能讓新貓有足夠的時間去習慣新家的作息與裡面的人事物，並且讓新貓的氣味成為家裡的一部分。

單獨住在房間的過渡期可以是好幾天到一至兩個禮拜，這段期間要觀察新貓是不是已經習慣新環境且已覺得相當放鬆。如果新貓在房間時有明顯的挫折感，可能會需要提供更多原有的貓不會用到的額外空間給他，若無法提供，則可能要提早開始之後的見面計劃。

 貓奴筆記

1、習慣新環境的徵兆：

■ 正常的吃喝、理毛及上廁所。

■ 在你進入房間時，會有友善的行為表現，像是主動靠近、用身體或臉部摩蹭你的腳、發出chirruping（似鳥叫的一種聲音）、呼嚕以及喵的聲音。

■ 翻肚休息或睡覺及打滾。

■ 玩你提供的玩具。

■ 會用臉部摩擦房間裡的家具、牆角及其他物體。

2、挫折感的表現：

■ 抓或拍打房門、窗戶。

■ 每次喵叫的時間持續好幾分鐘。

■ 在門邊踱步。

■ 一直往門縫偷看。

■ 在你離開房間時出掌打你。

Step 2. 見面的準備

1、交換氣味：

一開始將雙方睡窩的一部分物品，放置到對方的睡窩中，像是毯子。這個過程可以混合彼此的氣味，創造出共同的氣味，任何一方的表現都可能是正向或負面的，若出現負面的表現像是刻意迴避睡窩等，就會需要更多次的嘗試並延長時間。當貓對於對方的氣味表現出放鬆且舒適的行為，則可以將東西移回原來的位置，讓氣味更進一步混合，這個步驟可以重複使用於一塊以上的床墊或布料。

 貓奴筆記

1、交換氣味小技巧：

■ 在新貓抵達家裡前，已先取得新貓睡窩裡的一部分，在家中加入一些新貓的氣味，提早開始進行適應，能提高接受度。

■ 可以拿布擦拭貓咪臉部的氣味腺體，將氣味塗抹於另一方經常活動區域的家具及牆角。

2、物理屏障的方式可以掌握以下幾點：

■ 關著的玻璃門。

■ 走道上裝置暫時的紗網隔離門。

■ 門打開並固定一個貓鑽不過去的小縫隙。

■ 若提籠不會對任何一隻貓造成壓力且原有的成員只有一隻貓的話，可以將雙方之一限制在提籠內，並擺放至另一方經常活動的空間，以此方式接觸，並且要在提籠內擺放可以躲藏視線的物品，像是紙箱或毛毯等。

2、相互探索：

　　若交換氣味的步驟順利的話，可以開始進行相互探索，一開始限制其中一隻貓於另一個地方，讓另一隻貓此時可以自由地探索對方經常活動的區域，建議是在晚上的時間進行，比方說在晚上將原本的貓限制在房間跟主人睡覺，並把新貓的房門打開，讓他可以自由探索，同樣的動作也可以反過來進行。

3、視線接觸：

　　要注意這個步驟，要在雙方都完全放鬆及能接受對方的氣味後才能進行，剛開始的視線接觸可以用一些物理性的屏障隔著，讓雙方僅能視線接觸但不能直接碰觸到對方，另外這樣的接觸也建議是要讓貓能聯想到開心、放鬆的事情，比方說擺放很多零食與玩具轉移注意力，避免盯著對方看，如果原來的貓不只一隻，則進行時以一對一開始，再進展成多對一，這樣的眼神接觸，建議時間不要太長，並且在雙方都還很開心時結束，回到自己的房間，可以在幾天內持續多個輪迴，若接觸時發生負面的行為，則馬上將視線分開，回到自己的區域。

4、有監督下接觸：

　　若貓們的視線接觸都是放鬆且舒適的，可以開始進行正式的接觸，建議在雙方都正在進行喜歡、開心的事情時，悄悄地把屏障移除，我們的目的是要讓雙方覺得對方的出現不會讓自己有壓力且不舒服，不一定要有直接的互動，這樣的接觸若雙方都是舒服且放鬆的，則盡可能地頻繁進行，若接觸發生壓力或衝突，則立刻分開雙方，並退回到上一個步驟。

5、無監督下短期間接觸：

　　若一切順利，可以開始進行一次幾分鐘的無監督自由接觸，在接觸期間請確保雙方都有屬於自己的資源，比方說獨立的食物、水盆、貓砂盆等，避免競爭造成的壓力或衝突，新貓的房門也要確保暢通可以讓他隨時回去，若接觸時有見到友善的互動，則可以延長接觸的時間，接觸外的時間雙方都還是回到自己的區域，若觀察下來，這樣的接觸都是正向的互動，則可以將獨立房間的房門保持開啟，讓貓可以自由接觸。

　　接觸時有時會在某些區域發生衝突，此時可以設立像是晶片感應式的貓門讓特定的貓可以進去躲藏，或是創造一些環境元素，讓貓依舊可以保有自己獨立的空間，像是垂直的架子及走道等，最後還是要持續觀察相處的狀況，因為個體間的關係也會隨著時間或適應的狀況發生改變。

無適當引入新貓，經常會對新舊貓雙方都帶來莫大的壓力與挫折。

How to Train Your Cat
學習行為──馴貓高手
掌握正確的學習方式，避免錯誤的行為導向

貓咪跟人一樣，有著極強的學習能力，過時的訓練方式，經常會加劇錯誤的行為發生，利用正向連結帶來的幫助，讓貓咪有信心且有效率的學習吧！

　　學習通常被認為是經驗帶來的永久性行為變化，藉由獲取訊息並保留下來成為記憶。有些學習不需特別指導，有些則是由教導而成的，以小貓對於獵食行為的學習為例，身為貓科動物，在基因上有既定的行為模式：追蹤、蹲伏、撲擊。他們觀察母親，並在多次嘗試中做得更好。學習在動物的一生中會經由表現、反饋與修正的循環持續發生著，並在各個時間點雕塑動物的行為。貓的大腦跟橡膠一樣，學習能力有著極大的延展性，他們可以在一生中藉由與環境、其他動物的互動，以及在觀察中持續學習，這個過程中的一切造就了每隻貓的個性養成、身體的成長過程與個別的能力。

　　動物有著不亞於人類的學習能力，但我們經常沒有用對方法來訓練他們，以前我們以為要以打罵或壓倒性的方式來教導寵物：「貓亂尿尿就應該要打」、「小貓亂咬人，就應該要罵」，這些過時的觀念，反而容易導致貓咪出

現行為上的問題。現在就來跟大家探討，該如何訓練自己的貓咪，以及怎麼樣的訓練方式才能達到好的效果。在動物行為學中，學習能力的研究是非常重要的一環。學習大體上分為「非聯結學習」（Non-associative learning）與「聯結學習」（Associative learning）。

　　「非聯結學習」（Non-associative learning）包含「習慣化」（Habituation）與「敏感化」（Sensitisation）兩類，習慣化是指由同事件的反覆刺激，讓貓的反應變微弱；敏感化與習慣化相反，是指反覆發生的刺激使個體變得敏感，產生較大的行為反應。

　　「聯結學習」（Associative learning）包含「古典制約」（Classical conditioning）與「操作制約」（Operant conditioning），「古典制約」是使本來沒有關聯的刺激與反應，產生新聯繫的學習過程，一般是指經過學習後，原本不會引起該反應的刺激（稱為「中性刺激」），可以一貫地引起反應。「操作制約」是美國心理學家 B.F. Skinner 開發的行為矯正訓練理論，根據此理論提出目前在行為學界廣泛使用的「史金納四象限」。透過對正面或負面強化的反應來進行學習，也是目前最廣泛被應用於訓練的工具及方法。

史金納四象限

根據這些方法的使用時機建議，會發現任何的動物訓練，都不建議在動物做錯時使用懲罰的方式，也就是所謂的Positive Punishment（P+），這會導致負面的動物福利且會阻礙之後的學習成效，現今比較推崇的方式還是以Positive Reinforcement（R+）為主，若此方式有進行上的困難，可以先以Negative Reinforcement（R-）或Negative Punishment（P-）的方式，直到可以進行為止。

舉個貼近生活的例子，在家訓練貓咪時，若他們做錯了什麼事情，像是亂尿尿、咬壞家具等，其實不應該用責備或體罰的方式來懲罰他們，一來當你發現時，這些錯誤的行為可能已經是幾個小時前的事了，他們並不能理解為什麼被懲罰，甚至被懲罰後，他們直觀的聯想是剛剛發生的事（像是「主人回家」），而造成錯誤的行為導向；二來責備、體罰造成的壓力，會影響之後的

操作制約──史金納四象限

Positive Reinforcement（R+） 增加好的事物來強化行為	Positive Punishment（P+） 增加不好的事物來減少行為
Negative Reinforcement（R-） 移除不好的事物來強化行為	Negative Punishment（P-） 移除好的事物來減少行為

學習能力與效果，也可能讓未來的學習變得更困難，因此不是個長久之計。
（不應使用P+）

　　另一個常見的例子，如果在跟家裡的貓玩時，貓開始啃咬你的手，此時不應該斥責或體罰，而是建議立刻停止任何互動、遊戲，移除玩樂這件好的事物，以減少剛剛的咬人行為。接著製造一個貓咪可以掌控的狀況：給予他們先前已訓練過的指令，例如「坐下」，此時，因為先前的訓練，貓咪很清楚這個指令與應該做的動作，他們就不會感到緊迫；若完成了動作，要立即給予獎勵，此時就成功地將貓咪導向我們希望他做的事，減少不希望他做的動作，以達到訓練的效果。（先使用P- 接著再使用R+）

 貓奴筆記

身為主人的我們，可以藉由以下四象限的重點說明，了解適合貓咪的學習模式，改變陳舊過時的觀念，讓他們都能夠更快樂且有效的學習：

- Positive Reinforcement（R+）：加入某件好的事物以增強行為。此為最佳的訓練選擇，比如當貓做對某件事時，可以得到獎賞。
- Positive Punishment（P+）：加入某件不好的事物以減少行為。比如貓咪做錯某件事時給予處罰，這種方式容易產生負面結果，而且會阻礙動物的學習狀況，因此不適合做為教學的工具。
- Negative Reinforcement（R-）：移除某件不好的事物以增強行為。比如說接近很害怕的貓，如果他沒有逃跑，那訓練者立刻離開。通常在R+不能操作時，可用此法持續一段時間直到可以操作R+。
- Negative Punishment（P-）：移除某件好的事物以減少行為。如果發生貓咬人的情況，立刻停止任何互動與遊戲。不過若R+對貓可行的話，還是以R+的方式為主。

響片的應用

　　響片是在動物訓練中常用到的訓練工具，以貓咪來說，一開始藉由「古典制約」的方式，讓貓咪將響片的聲音與獎勵做連結，大多是以食物、零食當做獎勵，之後就可以利用響片的聲響來作為獎勵的訊號，也就是使用R+的原理來訓練貓咪：即加入某件好的事物以增強行為。使用響片最大的目的，是為了即時給予獎勵，因為貓咪的許多行為總是在一瞬間發生，若我們無法即時在行為發生的當下立即給予獎勵，那貓咪很有可能無法將獎勵與好的行為做連結，而有錯誤的行為導向，因此藉由已連結配對後的響片聲響，讓貓咪在好的行為發生的當下，立刻聽到聲響，知道這個行為會被獎勵，當然聲響之外，還是要給予正式的獎勵來完成訓練。

Positive Punishment（P+）往往會帶來負面的結果。

Prevention of Ectoparasites
住宿與搔癢——外寄生蟲預防
定時預防，蟲蟲退散

貓咪的外寄生蟲預防跟核心疫苗一樣的重要，
面對不同類型的預防藥物，了解產品的特性
外，也需要了解貓咪的使用需求，以此為貓咪
打造最完整的保護。

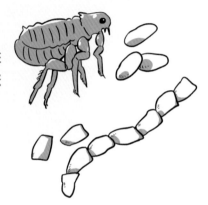

　　台灣地處亞熱帶氣候區，又受島國地形影響，濕度與氣候相對潮濕溫暖，
這樣的環境條件相當利於寵物身上常見的寄生蟲生長與繁殖。台灣寵物常見的
外寄生蟲包含：跳蚤、壁蝨、耳疥蟲、疥癬蟲、毛囊蟲等，貓身上最常見的就
是跳蚤寄生的問題，其次則是耳疥蟲的感染，壁蝨因為爬行緩慢，貓又會經常
理毛，所以與狗相比，在貓身上相對地少見。

　　跳蚤在成蚤階段會寄生於貓身上，靠著吸取宿主的血液維生，吸血時所留
下的唾液，容易在貓的皮膚上引起過敏反應，造成「跳蚤過敏症」，我們經常
會見到貓有搔抓的症狀，他們也常因此過度理毛、食入跳蚤，大大減少身上的
跳蚤量，再加上跳蚤扁長、微小的身軀，能快速地穿梭在貓的毛髮間，這些因
素導致飼主不易發現跳蚤的存在，然而舔毛的動作無法有效移除身上的跳蚤，

即使正確使用除蚤洗劑清除當下身上的跳蚤，但存在環境中的族群也會立即再次寄生。

　　跳蚤繁殖的速度很快，成蚤寄生在貓身上後，24～48小時內就會開始產卵，一天約可產下50顆蚤卵，比例如此懸殊的繁殖模式，造就了有名的跳蚤金字塔，也就是環境中各階段的跳蚤比我們看見的、想像中的，還要多很多。

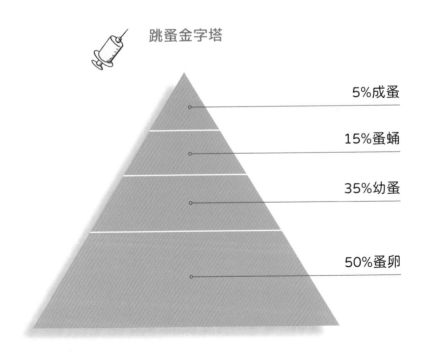

跳蚤金字塔

5%成蚤

15%蚤蛹

35%幼蚤

50%蚤卵

跳蚤開始產卵後，蚤卵會隨著宿主的移動掉落至地面，在地面的蚤卵約一個禮拜左右會孵化成幼蚤，幼蚤靠著環境中的皮屑及掉落的成蚤糞便生活，再過1～2個星期，利用環境中的灰塵形成蚤蛹，最終蚤蛹中的跳蚤感受到宿主走過的震動破蛹而出，跳上宿主開始下一個循環。蚤蛹的這個階段，時間長短落差極大，介於1個星期至6個月間，跳蚤能自行決定環境是否合宜，並在適合的時機破蛹，也因為如此，一次性的除蚤往往沒辦法有效清除，建議要持續至少6個月以上才能完整地打破跳蚤循環。

跳蚤循環

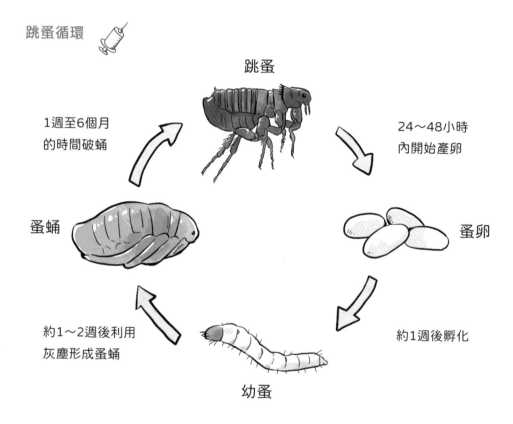

跳蚤

1週至6個月
的時間破蛹

24～48小時
內開始產卵

蚤蛹

蚤卵

約1～2週後利用
灰塵形成蚤蛹

約1週後孵化

幼蚤

外寄生蟲預防

市面上有許多除蚤產品，或是複合式的體內、外寄生蟲預防產品，很容易讓人看得眼花撩亂，該如何選擇，也變成了一個複雜的問題。

如跳蚤金字塔所示，除了動物身上的成蚤，大多數的族群都在環境中，加上目前市面上的除蚤藥物都無法殺死蚤蛹中的跳蚤，因此，一次性的除蚤方式，例如除蚤洗劑、噴劑、水煙等都無法有效地消除所有的跳蚤族群。如果在寵物身上或是家中發現跳蚤，跳蚤預防藥物應連續使用6個月以上，同時進行定期的環境清潔。有效的環境清潔方式包含使用吸塵器、定期清洗寵物的被窩等。吸塵器的震動可以促使頑固的蚤蛹孵化，變成可以被殺死的成蚤。另外，幼蚤與蚤蛹喜歡躲在陰暗的地方，例如家具的下方，所以環境清潔時，別忘了移動家具，做完整的清掃。

 貓奴筆記

■ 使用除蚤產品須注意使用時間：選用除蚤滴劑等產品時，經常會聽到醫師囑咐要連續使用6個月以上，其目的在完整打破跳蚤循環。

大多數貓的除蚤產品為滴劑形式，使用的頻率為每月一次，然而有跳蚤過敏症的貓只需要遇上一隻跳蚤，即有可能產生過敏反應，所以在治療的初期，獸醫師可能會建議治療的首月縮短間隔，每2週給予一次預防性藥物，以確保去除所有身上的跳蚤，接著再依標示每月給予。這樣的使用方式屬於「標籤外使用」（詳細說明請見第94頁），一定要遵從醫師指示，並非每一個產品都可以這樣使用。另外國外已有效果長達3個月以上的貓用滴劑上市，據我們所知，此類產品也會在不久的將來在台灣上市。

對於完全不出門的室內貓，在沒有感染跳蚤的情況下，每個月使用跳蚤預防藥物的需求可能不大，但要確保家中沒有其他動物，例如狗或是其他人有將跳蚤帶回家中的可能性。然而，貓咪需要外出時，比如住宿或是去動物醫院前，建議先給予跳蚤預防藥物，以防貓咪從其他地方將跳蚤帶回家。

除蟲前先詳閱產品説明

目前許多商品化的產品，為了方便消費者使用而製作成複合型的滴劑，內含成分或許不同，但大多能同時處理跳蚤、耳疥蟲、多種腸道寄生蟲、心絲蟲等，只是不同產品對於壁蝨、毛囊蟲、肺腺蟲的效果差異相對較大。另外，大部分的複合型滴劑都沒有包含對付腸道條蟲的效果，原因是條蟲的中間宿主為跳蚤，通常會經由貓咪理毛時食入跳蚤而感染，因此，理論上沒有跳蚤，感染條蟲的機會很小，並且條蟲通常不會造成健康貓咪太大的問題。

各項產品有著各自的目標預防對象、使用方式與年齡限制、注意事項等，飼主在選用產品時一定要詳閱説明，特別注意避免使用到含有「除蟲菊」的狗用產品，並且建議與獸醫師討論適合家中貓咪的預防計劃，以免達不到希望的效果或是出現過度用藥的狀況。

 貓奴筆記

1、發現貓咪身上有跳蚤時，請記得驅除條蟲：

條蟲為常見的腸道寄生蟲，中間宿主為跳蚤，多為貓在理毛時食入跳蚤而感染，所以發現貓咪有跳蚤時，除了除蚤外，也要記得驅除腸道條蟲唷。

2、貓咪的住宿須知：

■ 一年內有注射「核心疫苗」或是「貓皰疹病毒」、「卡里西病毒」合併疫苗的紀錄。

■ 住宿期間需使用外寄生蟲預防藥物。

■ 患有白血病或愛滋病的貓咪需單獨住宿。

■ 相關病史或照護需求請告知照顧人員。

■ 準備貓咪平常吃的食物與熟悉的睡墊、玩具，以及習慣的貓砂。

■ 考慮使用貓費洛蒙產品減輕壓力。

貓外寄生蟲預防藥物整理

廠牌	Zoetis	MSD			Merial	
名稱	Revolution®	Activyl®	Bravecto® Plus	Bravecto® （口服）	Frontline® Plus	Broadline®
中文名稱	寵愛	蚤點靈	一錠除全效貓滴劑	一錠除	蚤不到	全能貓
劑型	外用滴劑	外用滴劑	外用滴劑	口服錠劑	外用滴劑	外用滴劑
主要成分	selamectin	indoxacarb	fluralaner	fluralaner（40-94mg/kg 標籤外使用）	fipronil methoprene	fipronil methoprene eprinomectin praziquantel
使用間隔	4週	4週	12週	12週	4週	4週
除蚤時間比較	36小時內，98%以上跳蚤死亡	12-24小時內，90%跳蚤死亡	12小時內清除跳蚤	8小時內，100%跳蚤死亡	24小時內清除跳蚤	24小時內清除跳蚤
使用限制	8週以上 6週以上（澳洲）	8週以上 0.9kg以上	9週以上 1.2kg以上	24週以上 2.6lb以上	8週以上 1.5lb以上	7週以上 0.6kg以上
懷孕／哺乳仍可使用	●					
目標對象						
跳蚤	●	●	●	●	●	●
環境中跳蚤幼蟲					●	●
棕色犬壁蝨					●	●
美國犬壁蝨			●	●	●	●
孤星壁蝨					●	●
鹿壁蝨			●	●	●	●
心絲蟲幼蟲	●		●			●
耳疥蟲	●		(●)	(●)		(●)
蛔蟲	●		●			●
腸鉤蟲	●		●			●
條蟲						●
蝨子	(●)				●	●
膀胱蟲						(●)

	Bayer				Virbac		Novartis		Elanco
	Advantage®	Advantage® II	Advocate®	Seresto®	Effipro®	Effipro® Plus	Capstar®	Comfortis®	Cheristin®
	蚤安		心疥爽	零蚤蝨	易撲蚤				
	外用滴劑	外用滴劑	外用滴劑	項圈	外用滴劑	外用滴劑	口服錠劑	口服錠劑	外用滴劑
	imidacloprid	imidacloprid pyriproxyfen	imidacloprid moxidectin	imidacloprid flumethrin	fipronil	fipronil pyriproxyfen	nitenpyram	spinosad	spinetoram
	4週	4週	4週	32週	4週	4週	單次效果	4週	4週
	12小時內，99%跳蚤死亡	12小時內，99%跳蚤死亡	12小時內，99%跳蚤死亡	24小時內清除跳蚤			6小時內，90%跳蚤死亡	4小時內，98%跳蚤死亡	12小時內，98-100%跳蚤死亡
	8週以上 1kg以上 any age (澳洲)	8週以上 1kg以上	9週以上 1kg以上	10週以上	8週以上	8週以上	4週以上 2lb以上	14週以上 4.1lb以上	8週以上 1.8lb以上
							●		
	●								
	●		●	●	●	●	●	●	●
		●		●					
				●	●	●			
				●	●	●			
				●	●	●			
				●	●	●			
				●	●	●			
			●						
			●						
			●						
			●						
	(●)	(●)	(●)	(●)	●	●			

(●) 有實驗證實效果但仿單無直接標示 or 各國間仿單不相同（2021年3月11日更新）

抗藥性的出現

外寄生蟲預防藥物的出現，為寵物的健康帶來了正向的發展，但隨著長期使用這些藥物的同時，跳蚤與其他外寄生蟲已經對一些存在較久的藥物產生抗藥性。目前已有發現跳蚤與耳疥蟲出現這樣的狀況，因此飼主們要特別注意，在正常使用下是否有效力異常等問題；遇到可能有抗藥性的狀況，建議諮詢獸醫師，切勿在無指示下，增加用量或縮短使用的時間間隔，可能會引起藥物過量及中毒。

因為抗藥性的出現，我們更應該謹慎使用藥物，飼主、獸醫師、廠商也要協力合作，遠離從前「通殺」的觀念，依據每隻動物的需求，規劃目標性的預防與治療，以確保將來不會有無藥可用的狀況發生。舉例來說，腸道寄生蟲其實不需要每個月驅蟲，健康的室內成貓，在沒有使用生食的狀況下，可以不需做定期的體內驅蟲，如果有需要，其實每3個月驅蟲一次就足夠了，然而，如果使用複合型的滴劑，為了配合除蚤與心絲蟲預防的需求，就必須每個月給予，因此有過度預防體內寄生蟲的疑慮。

標籤外使用

意指沒有正式登記可以使用在某種動物，沒有正式登記可以治療某個特定疾病，或是沒有正式登記某種使用方式。在預防藥物的使用上，獸醫師偶而會有標籤外使用的建議，例如每兩週使用一次，或是使用狗用口服產品於貓身上，通常標籤外使用都是有案例研究、專家建議的使用方式，劑量也有可能與標示不同，因此，如果有特殊需求，還是要與獸醫師討論後，遵從獸醫師的指示使用。

跳蚤是貓咪最常見的寄生蟲。

Feline Heartworm Disease & Heartworm-Associated Respiratory Disease in Cats

惱人的蚊子──貓心絲蟲感染症

提前做預防，向心絲蟲說不！

貓的心絲蟲感染症較狗少見，除了症狀與狗不同之外，診斷也較不容易，臨床上治療比狗要困難，貓咪更有可能發生猝死的情況，面對這樣一個可怕卻可預防的疾病，大家絕對不可輕忽，謹遵獸醫師的建議使用適合的產品及按指示使用，才能有效防止疾病上身。

　　心絲蟲感染症主要是屬於狗的疾病，狗為心絲蟲的最終宿主。心絲蟲幼蟲經由蚊子為媒介傳染，在宿主體內發展為成蟲，成蟲寄生於宿主的肺動脈與右心室之中，蟲體長度不一，長可至30公分，在狗體內可存活5～7年。在寄生期間，會傷害心臟和血管內壁，引起肺部發炎，造成感染者的心肺功能障礙，甚至會導致宿主死亡，可以說是相當嚴重的致命疾病。

　　傳染方式是藉由蚊子在吸食血液時，攝入受感染狗血液中未成熟的微絲蟲（Microfilariae, L1），2～3週後，微絲蟲在蚊子體內發育成具感染力的第3期幼蟲（L3），此時再藉由叮咬健康犬貓，將此具有感染力的第3期幼蟲傳染給新宿主，心絲蟲幼蟲會穿透皮膚並在組織間移行發育，進入血液循環並開始往肺動脈和心臟移動。感染發生6個月後，幼蟲發育為成熟成蟲並寄生於肺動脈及右

心室中。成熟雌蟲會繁殖微絲蟲，微絲蟲進入感染犬隻之血液循環，再藉由蚊子叮咬進入下一個循環，造成犬貓間的感染，並在世界各地盛行。

　　台灣地處熱帶及亞熱帶地區，地理位置的關係，讓台灣四季都會有蚊子的蹤跡，是心絲蟲高度流行的區域。在台灣曾有調查發現，每4隻狗狗就有1隻有心絲蟲感染症，雖然現今飼主普遍都有預防心絲蟲的觀念，但心絲蟲感染症仍在台灣流行著。

　　心絲蟲感染症一般在狗常見的症狀為：咳嗽、精神不佳、食慾減退、運動不耐、易喘、疲憊以及呼吸困難，若嚴重感染甚至會出現咳血、貧血、腹水、心肺功能衰竭、腔靜脈症候群等，甚至造成死亡。

貓心絲蟲感染症

　　貓心絲蟲感染症與狗心絲蟲感染症有很大的差異，貓感染微絲蟲後，大多數幼蟲會被貓的免疫系統消除，少數微絲蟲會在感染後70～90天，發育成第4期幼蟲與未成熟的年輕成蟲，並移行抵達肺動脈，這些未成熟的心絲蟲死亡時會引起嚴重的發炎反應，導致肺部呼吸道、間質組織與血管的傷害、變化，貓會出現呼吸症狀，此症狀稱為心絲蟲相關呼吸疾病（Heartworm-Associated Respiratory Disease, HARD），此疾病所引起的肺臟病變，通常會在感染的6～8個月後逐漸恢復。

　　心絲蟲在貓體內發育為成熟成蟲寄生，導致所謂貓心絲蟲疾病（Heartworm Disease, HWD）的案例很少，且貓體內的成蟲數通常也很少，僅有約1～2隻，極少有微絲蟲產生。心絲蟲在貓所引起的疾病主要與炎症反應、過敏性反應有關，成蟲與抵達肺動脈的未成熟心絲蟲一樣，會造成相似的肺部病變，然而成熟的成蟲活體會抑制貓的免疫系統，使貓處在相對抗發炎的狀態，也因此較少臨床症狀的表現。成蟲在貓體內的存活時間較短，約只有2～4年，當成蟲死亡時，容易導致嚴重肺炎與栓塞，有時候會造成貓急性死亡。

　　貓心絲蟲感染症的診斷很多時候不是這麼直接了當，除了根據病史與症狀而有高度懷疑外，血液抗原檢查結果是陽性的，表示確診有成蟲，但若結果顯示陰性，也無法排除心絲蟲感染症；另外，血液抗體檢查也無法確診或排除任何可能性。建議拍攝胸腔X光，確認是否有肺臟與心血管的變化，尤其有咳嗽、呼吸急促等呼吸道症狀的貓咪；也建議要進一步做心臟超音波檢查，評估蟲體數量與心臟的狀況。目前也有研究在評估其他檢驗方式的實用性與可行性，例如斷層掃描、肺部功能測試。

　　貓心絲蟲感染症的治療，主要為依照貓咪的症狀，做症狀控制與支持療法並且定期給予預防藥物。一般用在狗狗身上的殺心絲蟲成蟲的藥，對貓咪較具毒性，且立即性引起成蟲集體死亡，容易產生嚴重發炎反應與血管拴塞，導致貓咪死亡，因此不建議使用在貓身上。

治療方法

　　貓心絲蟲感染症是可以預防的疾病，在流行的區域上建議定期給予預防藥物。如果貓咪確認感染心絲蟲感染症，但目前沒有症狀，則可以開始使用預防藥物，例如寵愛、心疥爽、全能貓等等。如果擔心使用完後會有過敏性反應，

可以早上使用，在醫院觀察一天。Doxycycline（四環素類抗生素）的使用，在貓仍須進一步評估，目前是不建議使用的；若是已經有呼吸道症狀或是在胸腔X光片上有肺臟變化的貓咪，可以使用類固醇控制炎症反應，並依照症狀逐漸減少劑量，同時開始使用預防藥物；如果呼吸道的問題非常嚴重或是有過敏性反應，就必須先住院做治療。

開始治療後的追蹤

　　每6～12個月就要追蹤一次，如果最初檢驗時，母成蟲抗原（即一般醫院所用的快篩）呈現陽性的話，可以以此追蹤2～4年（在貓咪中，成蟲一般僅存活2～4年），直到變成陰性。然而，因為貓咪可能只有1～2隻成蟲，如果只有公蟲，抗原檢驗會驗不出來，可依需求詢問獸醫師關於抗體檢測的部分。其他的追蹤方式包含心臟超音波、症狀變化、胸腔X光等。然而，還是要提醒大家，帶有成蟲的貓，不論治療方式為何，還是有可能出現猝死的狀況。

貓奴小教室

心絲蟲感染症

- 心絲蟲感染症目前列為人畜共通傳染病，但感染人的機率很低，通常只有免疫力不佳者會出現相關症狀。蟲體有可能會寄生在人體肺臟，形成肉芽腫塊，易被誤診為肺結核或肺癌。
- 心絲蟲預防藥的功用為清除對應時期的心絲蟲幼蟲，依照商品化的不同藥物有不同的持續時間，以達預防效果，並非利用驅蚊等效益，不讓蚊子叮咬寵物。
- 有證據顯示 Moxidectin 與 Selamectin，對於造成心絲蟲相關呼吸疾病（HARD）的未成熟心絲蟲是有效的，有些專科醫師建議使用含有以上藥物的產品。

剃完毛的貓咪，剛好讓蚊子有機可趁。

Food Hypersensitivity in Cats
全身都好癢──
貓食物過敏的發生及診斷
食物過敏相對少見，務必先排除所有問題

面對搔癢症狀，通常需要一一排除可能的問題後，最終引導我們懷疑食物過敏或是異位性皮膚炎，然而，盲目地更換飲食並無法解決問題，唯有嚴格的飲食排除試驗，才有辦法確認原因與找出可能的過敏來源！

　　身為一個盡責的貓奴，見到貓主子皮膚搔抓，不免會擔心是不是食物過敏的問題，尤其是有定期做外寄生蟲預防的家貓。因為擔心是飲食造成搔癢的發生，市面上又有許多標榜低敏的飲食，即便我們知道尚未有完整的病史與鑑別診斷，仍免不了想自行更換飲食試試看。但其實造成搔癢的原因眾多，在缺乏完整評估的狀況下，嘗試性地更換飲食，經常無法解決問題，有時候反而會引起腸胃道的不適與腹瀉，或是無謂增加貓的壓力。

　　根據統計，在貓的皮膚病中，食物過敏發生其實不常見，約僅佔1～6%，但實際發生率並不清楚，有可能高達17%，臨床症狀上經常會出現非季節性的搔癢、皮膚病灶或伴隨有腸胃道症狀等，而最常被報告的過敏來源為牛肉、乳製品以及魚類等蛋白質，並不是許多人普遍認為的「穀類」。

　　在食物過敏的診斷上，以「排除診斷」開始，通常先排除「食物過敏與異位性皮膚炎」以外會引起搔癢的疾病，包括外寄生蟲、皮膚感染、外傷、免疫媒介性皮膚疾病、腫瘤、行為相關問題與波斯貓髒臉症候群（dirty face syndrome）等。排除以上問題後，確定診斷的方式為「嚴格的飲食排除試驗」，再接著「挑釁試驗」。過敏原檢測，在食物過敏的項目中，是無法做為診斷依據的喔。

嚴格的飲食排除試驗

選擇排除試驗的飲食時，需根據貓咪之前的飲食歷史，與獸醫師及獸醫營養專科醫師討論，選擇一種最小可能會引起其過敏的食物，通常以貓咪之前沒有吃過的蛋白質（肉類）與澱粉類作為試驗飲食，完整的飲食試驗期間為12～16週，若有效果則一般在3～4週時會開始有緩慢的進步，腸胃道症狀甚至在2週內即有改善。

常見的3種飲食排除試驗：包含有「商品化的特殊蛋白飲食」、「自家製備的特殊蛋白飲食」及「水解蛋白飲食」。

第1種、商品化的特殊蛋白飲食

此為常見的特殊肉類處方飲食。但要特別注意，若之前有懷疑可能是雞肉造成過敏，建議就不要選用同是禽類的鴨肉配方，可以選擇其他種類如鹿肉、兔肉等。另外，市面上也有許多標榜特殊蛋白的一般開架低敏飲食，先前研究

貓奴小教室

合格獸醫營養專科醫師／營養諮詢管道：

■ **美國獸醫營養學會**
   AAVN (American Academy of Veterinary Nutrition)

■ **美國獸醫營養學院**
   ACVN (American College of Veterinary Nutrition)

發現，許多特殊蛋白飲食的標示與內含物不符，例如標榜單純特殊蛋白成分卻被檢測出其他蛋白的案例，大家若有選用商品化的相關產品要特別注意。

第2種、自家製備的特殊蛋白飲食

這被譽為飲食排除測試的黃金標準，但經常出現營養不均衡的問題，像是蛋白質過高，卻在鈣質、維生素B1及鐵質的含量上低於建議標準；或是有腸胃不適應、嗜口性、貓只挑肉吃等問題，若經討論要採用此飲食試驗方式，強烈建議要諮詢合格的營養專科獸醫師，目前台灣沒有這樣的人士，可以考慮線上諮詢歐美獸醫學院考試合格的獸醫營養專科醫師，為其開立食譜。

另外，使用生食的部分，在診斷食物過敏這件事情上，沒有任何附加的益處，甚至要考慮非免疫引起的飲食問題，例如細菌污染，像是沙門氏菌（Salmonella）、梭狀桿菌（Clostridium）、曲狀桿菌（Campylobacter）及大腸桿菌（Escherichia coli.），縱使目前可使用巴斯德高壓滅菌，許多皮膚專科醫師及營養師仍然不建議使用，特別注意若貓有在使用免疫抑制劑，勿使用生食，會大大提高弓漿蟲（Toxoplasma gondii）發病的風險。

第3種、水解蛋白飲食

主要原理為將飲食中的蛋白質利用技術切得細小，讓免疫系統無法辨識，但僅能針對IgE媒介性的免疫反應有效果，所以反應有可能會不如預期。

不論使用哪一種飲食，都有可能需要嘗試多種不同的蛋白質或形式，才能找到合適的飲食。

飲食排除試驗後

以上3種方式試驗出不會過敏的飲食後，理論上應進行「挑釁試驗」——再次給予先前的飲食，以證實此飲食會再次引起皮膚的搔癢，此時，才能稱為「確診」。如果想要知道貓對哪一種蛋白質過敏，可以做一連串的挑釁試驗，每次引入一種蛋白質（肉類），觀察貓咪對哪一種蛋白有過敏反應。也有飼主不希望貓咪再有皮膚症狀的發生，而決定開始做長期控制，舉個例子：選用某種蛋白來源的飲食12～16週後，貓咪皮膚搔癢的臨床症狀逐漸消失，後續可以直接選擇以此蛋白來源的飲食做長期控制；但若想試驗出貓咪的過敏來源，則可以在成功的排除試驗飲食中，每次加入不同的蛋白質（肉類），觀察有無搔癢狀況發生，藉以試驗出過敏原。

貓食物過敏症雖然在皮膚病中不算常見，但希望大家真的碰到時，也都能有信心與耐心，配合獸醫師做出診斷及找到最佳的控制方式。

 貓奴筆記

■ 懷疑食物過敏時，3種經常使用的飲食排除試驗：商品化的特殊蛋白飲食、自家製備的特殊蛋白飲食及水解蛋白飲食。

抽血做食物過敏原檢查是沒有臨床意義的喔！

成貓期

定期檢查，預防可能的疾病

成貓期一般是最穩定的時期，但在這個階段還是有些好發的疾病與行為問題，建議定期檢查、預防疾病、提早發現問題，以維持健康。

Chapter
· 3

Regular Health Check
年度檢查——
定期檢查的重要性
提早發現，提早治療！

貓咪老化的速度較人類快上許多，加上天生會隱匿不適的天性，固定的健康檢查對貓來說極其重要，完整的健康檢查不僅僅只是血液檢查，還要包括完整的病史、問診及理學檢查等，透過這些資訊再配合檢驗的結果，了解貓咪的狀況及可能正在經歷的問題，及早發現、及早治療。

　　3歲的成貓若換算成人類的年紀，約莫為28歲左右，接下來每過一年增加約4～7年的人類年紀，雖然各機構、大學的年紀對照表稍有差異，但都明顯地告訴我們，貓的一年跟人的一年是無法相提並論的，有鑑於貓老化的速度比人要快許多，壽命也較人類短，因此獸醫師都會建議年度健康檢查，而在貓的不同生命階段，建議的健康檢查項目也有不同。

 貓奴筆記

- 每日觀察、記錄貓的飲食、水量、以及排便、排尿情形，如有異常，建議盡早就醫。

　　「預防勝於治療」，預防醫學不論在人醫或獸醫中，都是當前的主流建議，如果可以預防疾病，例如透過預防針注射，能完全避免疾病發生的危險與痛苦，那是最好的結果；如果可以早期發現、早期治療，例如早期腎臟病的控管，會帶給貓咪較好的生活品質，預後1也較好；如果先了解疾病的進展，可以預先做好準備，觀察惡化的症狀，例如心臟病，藉此減少急診的機會。

　　貓咪擅於隱匿身體不適，加上現今人們繁忙的生活步調，如果又是多貓家庭，早期的病徵很容易被忽略，當貓飼主發現到異常時，可能病情已漸趨嚴重，且拖延了一段時間，因此，隨著貓的年紀增加，預先規劃好相對應的健康檢查計劃是相當重要的。

　　健康檢查所包含的項目可多可少，視每隻貓與主人家中狀況而定，一般來說，最基本的包含了與醫師的會面、問診、理學檢查2，接下來才依照每隻貓咪的狀況安排檢查項目，當然，健康檢查並非單指抽血檢查，血液檢查是常用的篩選測試之一，是非常有用的基本檢測工具，但如果只單獨看血檢結果，通常沒辦法給予確切的診斷與建議。

註1.　預後：指醫師對病情發展的預測。
註2.　理學檢查：是為了初步了解動物身體狀態所進行的檢查，通常會配合使用一些簡單的器具，包括視診、聽診、觸診、體溫量測及水合狀態檢查等。

特別說一下問診的部分，因為問診可以說是診療中最重要的一個步驟。根據病史，醫師可以開始規劃需要的檢查，一般來說，檢查結果也需要搭配病史與理學檢查來做判讀，另外，貓除了會隱匿自己的不適、疾病之外，對於不熟悉的環境（比方說到動物醫院），容易有異於平常的表現或有過度緊張的現象，這樣的狀況會影響到理學檢查的結果，我們需要藉由問診來得知無法在診療室內看到的狀況，並配合理學檢查做出合理的評估。

若家中的貓咪對於不熟悉的環境很緊張，甚至出現攻擊性行為，導致檢查難以如預期進行，建議可以諮詢獸醫師，在到醫院前2～3小時，投予相關緩和情緒的輔助用藥，並且選擇有獨立診療間的貓醫院，避免貓咪在醫院一再累積負面情緒，讓每次看診的難度愈來愈高。

輔奴小教室

獸醫師常問的問題，即為基本病史需求

- 平常的飲食種類與習慣？
- 精神、食慾與進食狀況？
- 有沒有嘔吐，排便、排尿是否正常？
- 有沒有異於平常的狀況、行為發生？
- 預防針注射、體內外寄生蟲預防。
- 重大病史與用藥。

　　有些貓咪看到提籠就躲起來，很難帶出門，更遑論去醫院做健康檢查，關
於提籠的問題，在〈小貓最重要的盒子——外出籠的訓練Carrier Training〉
（第34頁）有詳細解說。如果可以早期訓練，讓貓習慣提籠是最好的，但是成
貓還是可以慢慢訓練，目標是讓貓將提籠與好的經驗聯想，避免強迫裝籠造成
壓力與負面情緒的累積。

貓常見血液學檢查項目

其中較常見的健康檢查之一就是抽血檢驗,以下5點皆是常見的檢查項目。

1、傳染病篩檢:

貓心絲蟲抗原／抗體篩檢、貓白血病抗原篩檢、貓愛滋病抗體篩檢。

2、全血球分類計數:

紅血球、嗜中性白血球、嗜酸性白血球、嗜鹼性白血球、單核球、淋巴球、血小板及各項比值變化。

3、生化學檢驗:

- 腎臟相關:BUN、CREA、SDMA。
- 肝臟相關:ALB、TP、ALT、ALKP、GGT、TBil。
- 電解質:Na、K、Cl。
- 其他:GLU、Ca、Phos、GLOB、CHOL、TT_4。

4、血液氣體:

動／靜脈血各項氣體、酸鹼離子數值(急診使用較多)。

5、尿檢:

尿比重、尿液試紙檢測、尿殘渣鏡檢、尿液培養。

 貓奴筆記

以下可根據貓咪狀況,決定要做的檢查:

■ 理學檢查	■ 糞便檢查	■ 其他檢查
■ 血液學檢查	■ 影像學檢查	
■ 尿液檢查	■ 神經學檢查	

各時期健康檢查建議的間隔與項目

	檢查間隔	項目
 幼貓： 出生至6個月  青少貓： 7個月至2歲		全血球計數 (+/-)、血清生化 (+/-)、尿檢 (+/-)、愛滋／白血篩檢、糞檢。
 成貓： 3歲至6歲	每年一次	全血球計數 (+/-)、血清生化 (+/-)、尿檢 (+/-)、總甲狀腺素 (+/-)、血壓 (+/-)、愛滋／白血篩檢(+/-)、糞檢。
 熟齡貓： 7歲至10歲		全血球計數、血清生化、尿檢、總甲狀腺素 (+/-)、血壓 (+/-)、愛滋／白血篩檢 (+/-)、糞檢。
 中老年貓： 11歲至14歲 老年貓： 15歲以上	每半年一次	全血球計數、血清生化、尿檢、總甲狀腺素、血壓、愛滋／白血篩檢 (+/-)、糞檢。

貓常見的抽血方式

　　貓咪採血的方式，主要分為2種。

1、**頸靜脈採血**：為位於頸部兩側的靜脈，採血方式通常為局部剃毛後，一位助手協助醫師將貓咪以坐姿或趴姿的方式，頭部輕微上抬，貓咪穩定的話，短時間就能採集到足夠的血量。

2、**股靜脈採血**：為位於大腿內側的靜脈，採血方式通常為局部剃毛後，兩位助手一前一後將貓咪擺成側躺的方式，協助露出大腿內側進行，通常在只需要少量血時、擔心有凝血問題時、無法由頸靜脈採血時採用，採集到所需血量花費的時間較長。

頸靜脈採血

股靜脈採血

Feline Asthma & Chronic Bronchitis
不是感冒的咳嗽——
貓氣喘與慢性氣管炎
咳嗽不該輕忽，維持呼吸道的健康

貓氣喘屬於過敏性的疾病，發生氣喘時，咳嗽是常見的臨床症狀之一，有相關問題的貓咪，發生的頻率及持續的時間可能不盡相同，一旦排除其他問題後，除了減少呼吸道刺激外，再依病程及發生頻率搭配藥物使用，才能確保有良好的控制。

氣喘在人類身上，是一種氣管與支氣管的慢性炎症疾病，會出現咳嗽、喘息及運動不耐的狀況，這種狀況來自於過多的黏液分泌、呼吸道水腫以及支氣管收縮，導致呼吸道變狹窄影響呼吸。目前我們認為貓氣喘與人的氣喘相似，但並不完全相同，對於引起貓氣喘的確切原因，還需要進一步的研究來釐清。

「貓氣喘」與「慢性氣管炎」在貓科醫學的使用上常常是相互通用的，雖然這兩個狀況在致病機制上有一些差異，但在臨床症狀上無法有效區分，治療與管控上也是相同的，因此在臨床上，它們通常被視為同一個疾病。

氣喘為肺中的小支氣管對於刺激過度反應造成的現象，刺激可以是一個過敏原或是刺激物，除了造成呼吸道的炎症反應與增加黏液的分泌外，最重要的是，會導致呼吸道周圍平滑肌的收縮，進而造成呼吸道嚴重變窄與呼吸困難。

　　慢性氣管炎是因為吸入帶有懸浮微粒的空氣，例如二手菸、花粉，導致小支氣管發炎與增加黏液的分泌，發炎與黏液是導致呼吸道變窄與呼吸困難的主因，雖然呼吸道周圍的肌肉也會有些收縮的狀況，但並非慢性支氣管炎的主要疾病發展。

　　貓氣喘或慢性氣管炎的症狀會因嚴重程度而有不同，臨床症狀也可能是持續性的或是間歇性的，常見的症狀包含張嘴呼吸、呼吸困難、呼吸有鳴喘音（Wheeze）、咳嗽、乾咳、嘔吐、嘴巴或舌頭發紫、伸長脖子貼地呼吸、無力等；導致氣喘或慢性氣管炎的過敏原與刺激物，可能是花粉、菸、粉塵、香水等懸浮微粒。另外，可能造成類似氣喘症狀的疾病，包含肺炎、潛在的心臟疾病或其他肺部疾病、寄生蟲、極度緊迫等。

　　診斷貓氣喘或慢性氣管炎並非如想像中直接，由於氣喘的症狀與心絲蟲、肺炎、肺腺蟲感染、肺癌等有相似之處，故需由病史、臨床症狀、理學檢查做初步評估後，再進一步進行檢查，包含血液檢查、影像學檢查、肺腺蟲檢查、支氣管鏡檢查、呼吸道沖洗採樣以進行細胞學檢查與微生物培養等方式，來做排除與診斷。

 貓奴筆記

留意貓咪的喘氣行為：

- 貓咪一般是不會像狗一樣，把嘴巴打開來喘氣，如果有這樣的狀況出現，代表有某種狀況讓貓咪刻意這麼做，例如呼吸困難或極度緊迫，需要特別小心！如果持續發生，建議緊急送醫。

氣喘、慢性氣管炎的治療

　　一般來說，試圖找出並移除發病誘因或加劇因子，是最理想的辦法；舉例來說，確認有氣喘或慢性氣管炎的問題後，若貓過胖則需要減重，因為肥胖會讓呼吸困難的狀況加劇，接著試圖找出家中可能的過敏原或刺激物，例如花粉、香水、噴劑、貓砂粉塵過多、二手菸等，有些貓甚至會出現季節性的症狀，也可以由此來推論可能的過敏原或刺激物。如果有二次性的感染，例如細菌或黴漿菌感染，則需要給予適當的治療（如給予藥物），會讓這個疾病較容易控制。

　　氣喘、慢性氣管炎屬於慢性疾病，並無完全治癒的方法，除非能找出過敏原或刺激物並加以移除（大多數患病的貓無法找出誘因），因此接下來的治療目標是達到良好的控制、減少症狀的發生與減緩肺臟的病變。除了環境的控制外，一般會透過藥物來做長期的治療。主要使用的藥物分為2種：皮質類固醇及支氣管擴張劑，皮質類固醇用以消除發炎症狀，而支氣管擴張劑用來維持呼吸道暢通。

　　初期診斷時，藥物多半使用口服或針劑的方式定期給予，以快速達到控制的效果，建議可以慢慢轉換成定量噴霧劑，經由呼吸道吸入的方式使用，此種投藥方式，藥物可以在肺部達到高濃度，但較少吸收入體內，也因此相較於口服類與針劑類藥物，可以更有效控制病情，又能減少藥物的副作用。

防止貓咪急性氣喘發作的方法

　　由於氣喘沒有治癒的方法， 除了以藥物控制疾病外，調整生活習慣、環境來減少發生頻率也非常重要，理想上可以透過減少刺激呼吸道、均衡飲食、體重管理，再依照病程及發生頻率搭配藥物使用，以達到良好的控制。

貓咪吸入型定量噴霧劑的使用

　　吸入型定量噴霧劑藥物在人類氣喘的控制上使用非常頻繁，最普遍的就是按壓後由嘴部吸入的產品，但貓不會自行吸入，也無法掌握吸入時機，所以在動物的使用上，多半會配合有筒狀的吸入裝置，像是Aerokat：一端為小型的面罩，另一端為可嵌入定量型噴劑的開口。藉由先將藥物定量噴入此筒狀空間中，再由面罩端讓寵物吸入，觀察筒身中氣閥的擺動次數，來觀看寵物吸入的量。在貓使用時，通常會建議要預先讓貓熟悉面罩附著在臉部的感覺，待能接受此附著感後，再開始進行噴入藥物的過程。藥物的選擇上，經常會分為「平

 貓奴筆記

減少氣喘發作頻率的建議：
- 正確地使用藥物治療。
- 讓貓咪盡量處在無壓力的狀態，壓力可能導致過敏及氣喘症狀加重。
- 不要在貓咪周遭使用芳香劑、香水、髮膠噴霧、地毯除臭劑等味道強烈的產品。
- 選用低灰塵或無塵的貓砂。
- 室內若過於乾燥可使用加濕器，乾燥的空氣可能會誘發氣喘。
- 保持輕盈的體態，過度肥胖可能加重氣喘。
- 若貓有氣喘應確保室內無人抽菸。

常控制用」與「緊急狀況用」2種類型，這個部分就要依照獸醫師的指示使用，之後觀察記錄、定期回診再與獸醫師討論及調整。

貓氣喘與慢性氣管炎的預後

貓氣喘、慢性氣管炎屬於一種慢性疾病，其預後的狀況主要決定於疾病的嚴重程度，在大多數的病患中，適當的治療可以大大地改善貓的臨床症狀，並且提升生活品質。一般來說，患病的貓咪需要長期治療，當急性且嚴重的氣喘發作時，如果沒有積極迅速治療，可能會有致命的危險；另外則是在確認有相關問題的貓咪中，即使無臨床症狀時期，這些貓咪的肺臟與小支氣管仍會有發炎、呼吸道重塑（Remodeling）的狀況發生；某些病患即便給予治療，其肺臟仍會持續惡化與受傷，導致無法回復的纖維化，這樣的狀況，有可能導致最後的死亡。

因此，一旦確診貓有氣喘、慢性氣管炎的問題，即使沒有明顯臨床症狀，仍建議做適當的治療與控制，以減緩其下呼吸道重塑的情況。定期回診檢查、早期控制，以防止肺臟狀況惡化。建議有相關問題的貓飼主們，務必遵守獸醫師的指示及建議唷。

貓咪使用Aerokat吸入裝置。

Stress and Feline Idiopathic Cystitis

搬家與焦慮——
緊迫與自發性膀胱炎

固定記錄與觀察，注意有無排尿異常

貓的自發性膀胱炎，目前懷疑與貓咪應對壓力的神經內分泌系統出了問題，連帶影響到膀胱壁有關，尤其公貓要特別注意是否會造成阻塞的問題，照護相關問題的貓咪時，壓力因子必須要一併納入考量，以避免持續性地復發。

　　貓的自發性膀胱炎，大概是貓飼主最頭痛的問題之一，不但容易復發，還有可能會造成公貓的尿道阻塞。帶貓咪就診過的貓奴，或許都聽過獸醫師提到「壓力」、「膀胱炎」等字眼，但自發性膀胱炎並不是一般的感染、結石等所引起的膀胱發炎，臨床上雖然同是下泌尿道症狀，但實際造成的原因尚未完全釐清。目前認為自發性膀胱炎，是因為體內的神經內分泌系統出了問題而發生的，在英文字面上的意思為「不明原因的膀胱炎」。

　　在診斷自發性膀胱炎前，必須排除其他引起下泌尿道症狀的原因：膀胱結石、泌尿道感染等，建議進行基本檢驗，包括尿檢與尿液培養排除感染，以及影像學檢查（X光與超音波），排除結構上的問題與結石的狀況。若膀胱有發炎的情形，且其他引起下泌尿道症狀的原因都排除了，那我們就能歸結最有可能是自發性膀胱炎。

　　自發性膀胱炎有時候是很棘手的問題，對於這個疾病的原因目前醫學上尚未了解透徹。我們知道與壓力有關，目前認為自發性膀胱炎其實並不是膀胱本身的疾病，一部分是因為貓咪對於壓力的反應機制出了問題，導致當貓咪感受到壓力後，交感神經會處在過度活化的狀態下一段較長的時間，即使壓力因子移除了，貓咪本身還是會處在壓力狀態下3～5天，而這些神經內分泌性的刺激，連帶影響到膀胱壁，推測是造成膀胱發炎的主因。

　　目前認為是因為腦部調控壓力反應的機制出了問題，同時也發現這些貓咪比較容易有腸胃道或皮膚的狀況，那到底是什麼原因導致其壓力反應的機制出現問題呢？目前我們不清楚是天生的，還是幼貓期間的經歷所造成的。

　　自發性膀胱炎是屬於自限性的疾病，若沒有造成阻塞的話，3～5天會慢慢好轉，但是發生當下膀胱會非常疼痛，因此急性症狀時，止痛的給予非常重要，有少數約15%的貓，會演變成慢性的自發性膀胱炎。

貓奴小教室

居家環境中可能的壓力來源

- 搬家。
- 家中擺設改變。
- 家中出現新成員，像是嬰兒。
- 家中成員改變，像是主人出差、貓或狗同伴離開。
- 新加入的寵物。
- 水、食物、砂盆等資源不足。
- 沒有躲藏的地方。
- 噪音。
- 沒有規律的玩樂時間、無聊。

發生過自發性膀胱炎的貓，通常壓力是很重要的問題來源，在長期控管部分，首先要嘗試找出壓力的來源，若沒有辦法確切地確認壓力來源並移除，則嘗試去減少所有可能造成壓力的因子，其次可以搭配飲食、抗憂鬱保健品、其他保健品等，若以上都沒有效果，可以與獸醫師討論、給予抗憂鬱藥物，較常見的藥物包含三環類抗憂鬱藥（TCA）及選擇性血清素再吸收抑制劑抗憂鬱藥（SSRI），一般來說不會馬上見效，需要使用4～8週以上。

 貓奴筆記

■ 自發性膀胱炎並沒有「特效藥」，建議一定要與獸醫師討論，共同規劃出一個客製化、多元化的治療方案。

飲食與保健食品

以下是飲食及保健品的使用建議，能給予飼主較多的參考方向。

1、飲食部分建議：

- 市面上有多種處方飲食，可以嘗試看看貓的偏好。
- 不要在急性期更換飲食，且更換要逐步緩慢地進行。
- 多擺放水碗或增設流動飲水器，提供不同形式的飲水器皿或方式。
- 水需經常更換，保持新鮮。
- 使用濕食或在飲食中加水。
- 避免強迫灌水增加更多的壓力。

2、常見抗憂鬱保健品：

- Zylkene。
- Anxitane。

3、常見其他保健品（實驗證據較薄弱，副作用低仍可嘗試）：

- 利尿通。
- 安泌利。
- 優泌服。

4、其他：

- 貓費洛蒙插電擴散型／噴劑 Feliway®。

5、抗憂鬱藥物：

- 三環類抗憂鬱藥（TCA）。
- 選擇性血清素再吸收抑制劑抗憂鬱藥（SSRI）。

水的迷思

　　網路上流傳著許多偏方，其中一帖是這麼說的：「發生下泌尿道問題多喝水就好，不用去看醫生。」整體來說多喝水對貓是有幫助的，尤其在下泌尿道問題中，可以降低尿液的飽和濃度，減少結晶的形成機會，但若是自發性膀胱炎，如前所述是因為壓力的應變機制出了問題而間接導致膀胱炎的發生，並沒有解決造成壓力的因子，因此單就增加飲水可能無法獲得直接的改善。曾聽過飼主以針筒強迫灌水的方式，然而在自發性膀胱炎的貓咪上，不但無效果還會增加更多的壓力，所以發生下泌尿道相關問題時，強烈建議先諮詢獸醫師，釐清原因後，再來做治療計劃的安排。

強迫灌水容易造成負面的連結，
可能會讓貓咪更討厭喝水。

Diagnosing and Solving House-Soiling Behaviour

不在砂盆裡上廁所——
亂大小便的診斷與解決方法
亂大小便的背後，可能反應著疾病或行為問題

貓咪的行為問題中在異常位置大小便，大概是最常被報告且最讓貓奴們頭痛的狀況了，常見的有關問題包括疾病、自發性膀胱炎、社交或環境因子及做記號，在不確定問題來源前，諮詢獸醫師會是最好的辦法，藉由排除的方式，將可能的問題逐一移除，以確認並針對問題作改善。

　　貓咪若是在家中不正常的位置大小便，是非常令人頭痛的問題，據英國CABA（Clinical Animal Behaviour Associations）在2012年的統計，被轉診來看行為問題的貓咪中，有45%是因為在家中亂大小便。但其實貓咪會有這樣不正常的行為，多數時候是有原因的，這也代表著貓咪正在給你一些訊息，可能是貓咪有疾病的發生，又或者是其他的行為問題。根據AAFP／ISFM在鑑別貓不正常位置便溺的指南中，有以下4種分類：疾病相關、貓自發性膀胱炎、與社交或環境因子有關、做記號。

可能會導致在家中不正常便溺的疾病

狀況	亂尿尿	亂排便
下泌尿道疾病	✓	
慢性腎衰竭	✓	
糖尿病	✓	
尿失禁	✓	
腹瀉		✓
便秘		✓
高甲狀腺功能症		✓
腸胃道疾病		✓
排便失禁		✓
關節炎	✓	✓
認知障礙症候群	✓	✓
肌肉無力	✓	✓
視力受損	✓	✓

疾病相關

有非常多的疾病，可能會影響貓咪在家中不正常的位置上廁所，像是導致多尿的疾病，通常會讓在家中如廁的貓咪，因為尿量變多而來不及去貓砂盆上廁所；或是需要出門上廁所的貓咪，因為需出門的次數變多，可能會讓他在家中選擇安全的地方如廁；另外就是老年的貓咪，因為關節炎造成的疼痛以及影響行動的問題，讓貓咪沒辦法順利到達比較小、又擺放在較高位置的貓砂盆，而出現不正常如廁位置的狀況；最後則是視力退化與認知障礙的發生，也經常與此有關聯。

貓自發性膀胱炎：當貓咪發生一次或多次以上的下泌尿道症狀（血尿、頻尿、排尿困難），且經過完整的檢查，沒有辦法找出原因，則可以診斷為貓自發性膀胱炎。臨床上並沒有單一針對貓自發性膀胱炎的檢查工具，因此都是以排除診斷的方式來做診斷。貓自發性膀胱炎發生時，可分為「阻塞性」及「非阻塞性」。阻塞性較常發生在年輕、過重的公貓，而此疾病發生時，也經常有主人回報貓容易有受驚嚇、焦慮、黏主人等相關的異常行為。

與社交、環境因子有關

一旦疾病與自發性膀胱炎的可能性被排除以後，需要了解不正常位置的便溺行為開始的時間、尿液或糞便的型態、排泄的量、是站著還是蹲著尿、發生位置與發生頻率等，來確認是單純排泄還是做記號。兩者間，在特定位置、頻率與排泄的量上，有蠻明顯的差異。一般來說，當我們發現家中的貓咪有這樣的行為時，首要思考這是否只是正常的排泄，以及為什麼貓咪要在這個特定或吸引他的地方上廁所。

貓咪通常傾向選擇安靜、隱密且不會被打擾的地方上廁所，在非做記號的狀況發生時，可觀察貓砂盆與異常便溺的位置，調整貓砂盆至更有隱私、隱密的地方，另外也要同時考慮貓砂的種類以及貓砂盆本身的設計，像是砂盆的大小、有沒有屋頂等。

 貓奴筆記

1、對貓砂盆本身可能的厭惡來源：

- 乾淨程度。
- 貓砂種類。
- 貓砂味道。
- 貓砂盆過小。
- 貓砂盆位置
  （如：擺放在食物附近）。
- 貓砂盆種類
  （如：有蓋、無蓋、頂掀式、自動式）。
- 砂盆袋的使用。
- 過香的除臭劑。

2、與負面情緒有關的例子

- 焦慮／害怕：某些原因讓貓咪焦慮或害怕使用貓砂盆。
- 挫折：被限制在某個地方，無法自主的貓咪。
- 恐慌／失去：分離焦慮症的貓咪。

與實體或社交環境有關的原因，主要可以分為「貓砂盆的問題」與「負面情緒有關的壓力」2個類型。貓砂盆的問題包含有貓砂盆的數量、曾有不好的如廁經驗、排便時被家中狗狗關注、對設施本身的厭惡、特定的偏好（貓砂種類、位置等）；與負面情緒有關的壓力，可能是在許多生理上與社交環境上發生的不同情形，讓貓感受到壓力，這樣的情緒反應可以依動機情緒系統被區分為焦慮／害怕、挫折以及恐慌／失去3種反應。

1、來自改變所造成壓力：

　　一般來說，可以根據貓具有領地性、自給自足的捕食者基本特質，來推論可能造成其壓力的來源。貓本身缺乏生物社交的需求，只有在特定的狀況下，貓才會享受群體生活，最直接的例子就是資源的豐富性。在家貓的生活中，對貓來說的資源包含：餵食區域、水盆、貓砂盆、睡窩、貓抓板、高的休息處、玩具及躲藏的地方等。貓身為自給自足的物種，天性就將「遠離危險」擺放在第一位，也因此只會在熟悉且習慣的地方活動，任何新的物體或是味道出現在貓的領域內，貓都會謹慎地探索，因為這些對貓來說都是可能的威脅。因此，家裡的環境若有相較於平常較大的改變，像是擴建或是鋪設新的地毯，都有可能打破家貓原本熟悉且掌控內的狀況，而這些不熟悉的變化都足以造成疾病的發生。

　　家中的環境可能存在許多壓力來源，面對這些不同來源時的反應是可以被累加的，所以當移除最明顯的壓力來源後，也會需要依照壓力評估表格，繼續在其他方面做評估。要注意的是，壓力的來源也可能來自嗅覺跟聽覺。

貓奴筆記

1、可能的環境壓力來源：

■ 嗅覺部分：香煙、除臭噴霧、其他動物的味道等。

■ 聽覺部分：隔壁吵鬧的鄰居、大聲的音樂、車流聲、家電的震動聲等。

2、同物種間的壓力來源包括有：

■ 沒有關聯或是不熟悉的貓。

■ 新貓引入。

■ 有貓離開原來的群體（死亡或離開）。

■ 其他貓返回家中（看獸醫回來）。

■ 交配（絕育、未絕育、發情中的貓混合飼養）。

■ 鄰居家中有新貓。

■ 附近的貓族群數目太多。

3、不同物種間的壓力來源包括有：

■ 家中人類的改變（寄宿、訪客、小孩上大學、生小孩）。

■ 飼主行為古怪及不可預測的行為。

■ 飼主常常不在。

■ 飼主給予的懲罰。

■ 侵入式的互動方式（小題大作、過多的接觸、持續性的關注）。

■ 飼主無理的安全考量（限制在某個地方，容易讓貓被迫學會無助）。

■ 沒有完整的引入程序就讓狗與貓接觸。

2、來自環境及飼養的壓力

在家中環境可能造成壓力的原因可被分為幾類，藉由系統性地評估每隻貓的生活背景，讓可能的壓力來源顯現。可分為實體環境（室內的／室外的）、社交環境（不同物種間／同物種間），以及飼養管理3個部分。實體環境包括貓咪生活所會接觸到的所有東西，即使是生活在室內的貓咪，會接觸到的外界聲音、影像及氣味都算是，沒有接觸過的味道，甚至可以經由我們的鞋子、衣物與購物袋帶入家中。另外，身為一個領域性的物種，房子的周圍及花園等地方都會與貓有關聯，即使是附近的貓口數目增加，都有可能形成壓力的來源，所以幾乎是不可能完全預防的。

　　飼主對貓的飼養管理，著實影響著貓咪的生活模式，像是即使將貓永久地飼養於室內，只要能提供足夠的資源、足夠的空間讓貓咪得以展現正常的行為，通常是不會讓貓覺得有壓力的；但熟悉的環境與空間，固然提供了安全無虞的條件，卻也因為缺乏新的事物，而讓貓所接受的刺激偏低，進而未來有新的事物出現時，容易會有壓力的表現，甚至無聊也可以是壓力的來源。

　　有些飼主選擇讓貓可以進出將戶外屏蔽起來的空間，而不是直接隨意地進出，這樣的空間在設計時要特別注意：永遠要記得貓需要有垂直的空間，另外也要考量空間大小以及屋頂高度，是否會讓其他貓咪輕易抵達，以免讓外來的其他貓咪在高處造成家貓的壓力。

做記號

　　以尿液做記號是一種正常的行為表現，目的在留下化學訊息用於溝通，未絕育的貓族群發生的機會大於絕育的族群，主要為標示領地、資源及減少社交的直接衝突。典型的做記號姿勢包括：站姿、尾巴顫抖、後腳輕微踮高、噴灑尿柱等，噴灑的量會因膀胱容量而有差異，但通常不會超過2ml，以花灑式的噴灑為主；做記號的頻率沒有一定，通常被觀察到與正常的排尿時間不匹配；大部分時候做記號的貓咪會噴在垂直面上，這樣較容易被其他貓發現，但有些母貓，也會在水平面上做記號。

噴尿做記號最主要的2個原因為「性的行為」以及「反應行為」。性的行為方面，未絕育的公、母貓是為了要展示自己性的接受度，而已絕育的公、母貓則在此行為上有顯著的下降。而反應性的噴尿行為，經常發生在貓的社交或實體環境上改變時，特別是貓咪吃飯、睡覺及玩樂的核心領地被改變時。不管是有信心的貓或焦慮的貓，都會有相關的表現。問題性的做記號行為，發生於當貓在室內感受到威脅時，會利用做記號的方式，來減少肢體衝突的發生與增加自我的安全感。其實標記的行為僅僅只是過度強烈的情感反應，真正潛在的問題是對於威脅的感知。

 貓奴筆記

經常被反覆做記號的位置：

- 主要通道的出入口處。
- 主要通道旁的窗簾。
- 經常會改變帶有氣味的物品（西裝、手提包、鞋子、外套）。
- 經常會被加熱又冷卻的東西，推測與溫度改變時氣味跟著改變有關。

貓沙盒的入口被另一隻貓咪阻擋，
害怕及挫折下，可能會導致不正常便溺的發生。

Feline Chin Acne
好多黑頭粉刺──貓面皰粉刺
面對粉刺，適度的清潔與控制很重要

下巴粉刺的出現原因眾多，依據症狀的不同，
控制的方式也不盡相同，有些貓咪天生較容易
出現下巴粉刺，除了根據可能的原因預防外，
經常性的清潔也會有相當大的幫助。

　　相信許多養貓的飼主，都曾經發現過貓咪的下巴，有一點一點黑黑的東西，這樣的皮膚狀況有時伴隨著紅腫、有時又很像單純的髒汙，網路上也經常有人詢問相關問題，更有許多網友戲稱就跟人一樣，是吃太油膩所導致。其實這樣的問題稱之為貓下巴面皰粉刺（Feline Chin Acne），是毛囊角質化異常所導致的，症狀早期會出現類似「黑頭粉刺」的狀況，更嚴重可能會有面皰的產生，二次性的細菌感染也相當常見。

　　目前發現導致貓下巴面皰粉刺的原因有許多相關因子，包括壓力、免疫抑制、理毛習慣不佳、接觸性或異位性皮膚炎，以及導致過度油脂分泌的皮膚疾病等；另外調查發現，有顯

著數量的貓咪，下巴面皰粉
的問題與使用有色的塑膠
碗有關，因此，有相關問
題的貓咪建議不要使用塑
膠碗，改用玻璃、陶瓷為
佳，不鏽鋼碗盤次之。

下巴面皰粉刺的症狀與診斷

　　一般來說，最常見的症狀通常形容為「髒髒的下巴」，仔細看的話就會看
到黑頭粉刺。黑頭粉刺可能會演變成小膿胞，接著破裂並形成痂皮，所以發現
的時候，可能會是在不同的階段。嚴重的病例可能會在下巴形成廔管、禿毛、
紅腫及發癢等狀況，而在貓咪搔抓後導致皮膚受傷、狀況加劇，最後往往會造
成二次性細菌感染的發生。

　　在診斷Feline Chin Acne之前，通常會做完整的皮毛檢測，以排除其他的
問題，例如毛囊蟲、過敏、黴菌感染、嗜伊紅性肉芽腫症候群等，如果症狀不
典型，或是有其他疑慮，可以進行皮膚採樣，以確認可能的問題。

 貓奴筆記

■ 貓下巴面皰粉刺可能只是一次性的疾病，也有可能來來去去，需長期控制。

治療的目標是控制

若是輕微無症狀的案例，觀察即可；輕微症狀的貓咪，可使用外用洗劑與外用藥治療，洗劑建議使用抗皮脂溢的洗劑，像是不高於3％的Benzoyl peroxide或是外用的retinoid A酸；如果有細菌感染的問題，依嚴重程度使用含有抗生素的外用藥或是口服抗生素；偶而也會有酵母菌生長過盛的狀況，一樣依嚴重程度使用外用藥或是口服抗黴菌藥進行控制；若發炎得很嚴重，10～14天逐漸降低劑量的類固醇療程，可以改善發炎的狀況，另外要注意，若使用口服藥都應該連續2～3週以上，以達完整的療程效果。

營養補充上以不飽和脂肪酸為主，尤其是Omega-3的補充，對這些貓咪常常是有幫助的。大多數有相關問題的貓咪，對於改善下巴的清潔或是置換碗盤材質等，反應都是良好的，所以容易有下巴面皰粉刺的貓咪，主人可能就要多費心，經常清潔貓主子的下巴了。

 貓奴筆記

1、常見的外用藥品：
■ 外用抗生素軟膏：2% mupirocin、fusidic acid、clindamycin
■ 外用抗黴菌藥：miconazole、clotrimazole、ketoconazole、chlorhexidine
■ 外用洗劑：2% chlorhexidine 藥用洗劑、2% miconazole & 2% chlorhexidine 藥用洗劑

2、有些貓咪可能需要將下巴的毛剃短，以方便治療下巴面皰粉刺的問題。

容易有下巴面皰粉刺的貓咪，建議平時應定時清潔。

化毛膏是什麼？
貓可以長期吃嗎？

經常會聽到飼主或是看到網路上關於化毛膏的疑問，不外乎都是問其作用到底是什麼？貓咪沒事也可以長期吃嗎？化毛膏其實並不是字面上「把吞進去的毛化掉，所以就不會吐毛球」的意思。

化毛膏是什麼

大部分化毛膏的組成成分為石蠟（Petrolatum），又有人稱作礦物油，他不是一般我們所認知的食用油，而是石油精煉過程中所出現的一種碳氫物質。石蠟比較像是一種總稱，又會因後續的精煉過程，出現許多種不同型態或顏色，像是實驗室用的液態石蠟（parrafin oil）也是一種石蠟，或是你曾經聽過的白石蠟、黃石蠟。石蠟被用於醫療中時被稱作「潤滑型緩瀉劑」，可以沾黏在糞便上達到潤滑效果，並阻礙水分被大腸吸收而達到軟便的效果。

1、真正的用途：

化毛膏真正的功用，就是利用最主要的這個成分，潤滑這些跟毛髮混合難以排出的糞便，達到幫助排出的效果。商品化的化毛膏中，有的用液

態的石蠟製成，有的則是用白石蠟。要特別注意，若使用液態石蠟類型的化毛膏，在餵食時要特別小心不要嗆到呼吸道裡面，否則會造成「脂質性吸入性肺炎」。

2、沒事長期吃會怎麼樣：

曾有發生過過量使用石蠟，會在肝臟、脾臟及腸繫膜淋巴結造成肉芽腫性病變；長期使用則是會造成脂溶性維生素Vit A、D、E、K的吸收下降。所以建議是，若有需要使用這類的產品，還是先諮詢一下獸醫師正確的用量，若有不良反應，可以詢問醫師有沒有替代用品或治療方式。最重要的是，若沒有需要則不建議長期給予喔。

目前也有許多化毛膏不再使用石蠟，而是改用麥芽萃取物作為主要成分，利用可溶性纖維達到增加排便量與軟便的效果，但也建議不要給予過量，有可能造成反效果。如果貓咪有長期吐毛球的問題，很有可能表示貓咪有皮膚或是腸胃道的問題，建議一定要諮詢獸醫師。

熟齡貓期

為邁入老齡做準備

邁入熟齡階段的貓咪，新陳代謝開始降低，是最容易發胖的時期，面對即將到來的老齡階段，維持理想體態與注意各項臨床表徵，做好萬全的準備。

Chapter

·

4

Overgrooming Behaviour in Cats
邁入熟齡──貓過度理毛行為
貓咪有過度理毛的狀況，務必要找出原因

理毛是貓咪正常的行為之一，遇到貓咪有過度理毛的狀況時，務必要先排除疾病相關的可能性，單純心因性的過度理毛是相對少見的。面對壓力相關問題，大多由環境著手，必要時配合使用行為用藥，以協助提昇貓咪的生活品質。

　　貓咪理毛的行為，是指貓咪舌頭與牙齒在披毛及皮膚上接觸移動的行為，有著清潔、溫度調節及維持毛髮的功用。貓咪有時也會因為像是跳蚤唾液等皮膚的刺激，而去啃咬、舔舐皮膚。一般成貓睡覺以外的時間約有30～50%是在理毛，以整天的時間來計算約佔有4～6%的時間，而當貓理毛的頻率與強度增加，甚至足以引起毛髮脫落以及導致皮膚受傷時，即稱之為過度理毛。

　　身體部分位置出現脫毛的狀況，常見於臀部兩側、後肢、鼠蹊部、前肢內側。最初可能只有脫毛，皮膚無明顯異常，但若持續過度舔舐，除了脫毛外，可能會引起該處皮膚的傷害與潰瘍，繼發二次性細菌感染，還有少數貓會因為過度舔舐造成舌頭及咽喉部的潰瘍，而無法正常進食及不適。

　　過度理毛所造成的脫毛與其他原因所造成的脫毛，雖然外觀上看起來極度相似，但仍可以從些微的小地方辨識，像是過度理毛所導致的脫毛，是因為貓

咪會啃咬靠近毛髮根部的位置，因此毛髮稀疏的部位觸感較短、較硬；若是其他生理性的原因所導致的脫毛，則觸感上會相對平滑。

過度理毛與壓力的關聯

過度理毛可能是壓力或焦慮等問題所導致，由於面對壓力來源時，貓咪無法順利地適應與應對，在這樣挫折的情緒下，貓咪會反覆性地做出同樣動作，

 貓奴筆記

■ 有的時候，發現貓咪異常地吐毛球，這也可能是有過度理毛問題的徵兆唷。

來紓解壓力。但其實有許多狀況都可能導致貓會有過度理毛的現象，像是皮膚過敏（如跳蚤過敏症、食物過敏、對環境因子過敏等）、任何來源的創傷與感染、任何造成疼痛的狀況（如貓下泌尿道症候群及貓過度敏感症候群Feline Hyperesthesia Syndrome）等。

過度理毛與疾病有關的原因

另外，「癢」也是導致過度理毛最常見與疾病有關的原因，因此進行完整的皮膚檢查時，確認有無寄生蟲、黴菌、細菌感染等非常重要。因為癢而搔抓的循環，經常會讓皮膚受到更嚴重的傷害與刺激，又讓搔癢的狀況更為加劇，進而開始過度理毛來紓解這樣的刺激，這種惡性循環的狀況，又稱之為「神經性皮炎」。

過度理毛的診斷

治療上沒辦法直接診斷是否為壓力或焦慮所導致，而且大多數的案例也都可以找到生理上的問題。因此，就理論上，需要將所有生理的問題排除後才能做這樣的診斷。

1、**壓力、焦慮外的問題**：根據原因給予治療。

2、**壓力、焦慮可能是其中一項原因**：減少或移除造成壓力、焦慮的因子。

3、**同時包含壓力、焦慮與生理相關問題**：根據原因給予治療，以及減少或移除造成壓力、焦慮的因子。

治療的原則

其實在臨床上，有太多的案例，都是壓力、焦慮以外的原因造成的。最常見的是貓的跳蚤過敏症，而且飼主通常都沒有發現任何跳蚤，所以若有相關

過度理毛的原因

- 常見與過度理毛有關的因子：潛在的疼痛與不舒服、過度敏感症候群、皮膚病、貓自發性膀胱炎、腫瘤與過度理毛有關的壓力來源、胎兒及幼年階段的經驗導致的壓力來源。
- 壓力在過度理毛的行為中扮演著重要的角色，但是「單純心理性」的過度理毛其實非常少見，多半都是有其他原因的。

的問題，請務必要請教獸醫師，把所有可能的問題都排除後，若真的懷疑是壓力、焦慮所引起的，再試著找出並移除之，同時減少壓力來源。

保健品與藥物

面對有相關問題時，往往可能無法找出並移除可能的壓力來源，這個時候可以選用費洛貓（Feliway®）或是舒緩情緒的相關產品（項圈、保健食品），倘若控制得不理想或是狀況太過嚴重，可以給予相關的藥物治療與控制。在藥物使用上，每次療程約為6～12個月，根據臨床狀況的改善，逐漸降低劑量或停藥，另外，給予藥物前建議要有完整的血液學檢查，了解肝、腎功能的狀況。若貓咪需要長期用藥控制，建議每6～12個月定期追蹤。

常用於貓行為學上的抗焦慮藥物：Tricyclic Antidepressants（TCA）、Selective Serotonin Reuptake Inhibitors（SSRI）、Benzodiazepines、Azapirones，在使用上請務必由獸醫師診斷後處方使用，切勿自行給予相關藥物做使用唷。

 貓奴筆記

■ 面對過度理毛的問題，處罰並不會對狀況有任何改善，甚至會更加嚴重。

室外的聲響也可能是造成壓力的因子之一。

Weight Control and Ideal Weight
減肥計劃──
理想體態與最佳體重
肥胖是健康的隱形殺手！

過度肥胖的貓咪，有著較高罹患特定疾病的風險，在肥胖程度的評估上，不能僅以體重作為標準，體態評估較能正確地判斷貓咪是否過胖，依據BCS體態評分系統，用健康正確的控制方式，一起維持貓咪理想的體態。

　　過胖一直是現代家貓常見的問題，雖然圓滾滾的看起來很可愛，但愈是肥胖的貓咪，愈有較高的糖尿病與脂肪肝的風險，除此之外，在關節炎、下泌尿道的問題等也有較高的發生率，為了貓咪的健康，建議還是要做好飲食、體態的控制與維持。

　　在評估有無過胖時，通常不會用體重去做討論，因為貓的體型在品種、性別、年齡階段都會有所不同，所以用體重來討論是不正確的。最常見的方式是依照站姿及側面的體態，以1～9分來做評分的BCS體態評分系統（1～3表示過瘦、4～5表示理想、6表示微胖、7～8表示過重、9表示超重），這類的評分表、評分系統在網路上蠻容易找到的。（表1）

　　值得一提的是，2018年有一篇關於貓體態跟壽命長短研究的期刊發表，簡單來說，研究發現以往認為體態評分過重的6分貓咪，壽命反而是最長的，這打

（表1）
體態評分表

過瘦	BCS 1：肋骨、脊椎及骨盆可以輕易地看到，腰部很窄小僅有一點點肌肉，觸診無脂肪包附肋骨。 BCS 2：肋骨可以輕易地看到，腰部很窄小，肌肉量減少，觸診無脂肪包附肋骨。 BCS 3：肋骨可以輕易地看到，明顯的腰部，極少量腹腔脂肪。
理想	BCS 4：肋骨可以輕易地被摸到，明顯的腰部，非常少量的腹腔脂肪。 BCS 5：肋骨可以輕易地被摸到，明顯的腰部，少量的腹腔脂肪。
微胖	BCS 6：肋骨可以被摸到，俯視時腰部沒辦法輕易辨識，非常少量的腹部皮膚皺摺。
超重	BCS 7：肋骨被脂肪覆蓋難以被摸到，腰部幾乎無法辨識，無腹部皮膚皺褶。 BCS 8：肋骨被脂肪覆蓋無法被摸到，腰部無法辨識，腹部輕微膨脹。
肥胖	BCS 9：肋骨被極厚的脂肪覆蓋無法被摸到，腰部完全消失，腹部明顯膨脹，大量腹部皮下脂肪堆積。

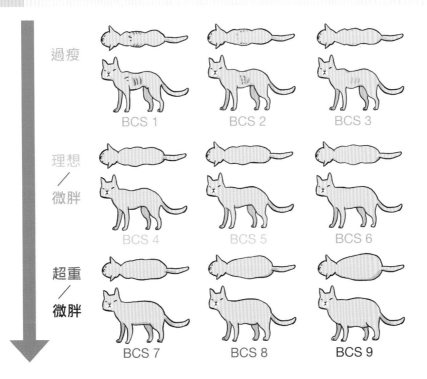

過瘦　BCS 1　BCS 2　BCS 3

理想／微胖　BCS 4　BCS 5　BCS 6

超重／微胖　BCS 7　BCS 8　BCS 9

破了以往認知的4～5分才是
理想體態的想法，雖然研究顯
示體態評分6分壽命最長，但
無法確認是否影響貓咪的生活品
質，因此也不代表可以超重太多，
畢竟太過於肥胖，有可能增加罹患糖
尿病的風險以及影響骨關節的健康。

生活品質

　　雖然調查顯示了，體態評分6分的貓咪是最長壽的。決定貓咪壽命的長短，其實還有很多其他的原因，而且壽命的長短也不代表生活品質的高低，尤其貓咪的生活品質其實比壽命的長短更重要，因此最佳體態還是因個體而異，例如折耳貓容易有關節的問題，體態還是維持在4分較為理想，這也是一個在定期預防針注射及健康檢查時，可以與獸醫師討論的部分。

減肥計劃要點

　　為了幫助貓實施完善的減肥計劃，請參考以下幾個要點，可以更加了解減肥時須注意的事項。

1、經獸醫師的檢查：

　　有某些疾病會導致貓咪肥胖，展開減肥計劃前務必諮詢醫師，排除可能的問題，再由獸醫師為其安排量身訂做的計劃。

2、理想體重與計劃：

　　獸醫師會協助判定貓咪的理想體重與減重計劃，理想的體重控制是漸進式

的，且需要花上一段時間。大體來說，目標為每週減1～2%的體重，過快的減重容易復胖，也可能會引起脂肪肝的病變。

3、全家人一同參與：

所有會與貓咪接觸的人都必須一同了解、參與計劃，避免在做飲食控制時，家中的其他成員仍繼續餵食過量的食物與零食。

4、飲食調整：

選用低卡路里、易有飽足感的食物去替換，或是調整原來食物的餵食量，來做飲食卡路里的管控。

5、餵食方式：

針對喜愛食物的貓咪，可以使用慢食盆、互動餵食器、餵食玩具，以此減慢其進食的速度、增加活動量；也可以將少量食物藏在家中不同的地方，讓貓咪自行尋找，模擬在外覓食的情形，再慢慢調高難度，來增加生活的變化。

6、避免桌邊餵食：

桌邊餵食的食物通常含有高量的脂肪與碳水化合物，盡量在餵食完貓咪後，再準備自己的食物，減少貓咪上桌討食的機會。

7、餵食增加飽足感的零食：

避免使用高碳水化合物的零食，改選高蛋白質的肉類，像是準備汆燙的肉類讓貓啃咬，使其感到滿足且有飽足感。

8、固定時間運動：

時間允許的話，請排定固定的時間陪貓玩樂，在玩樂的過程可以增加貓咪的活動量，增加熱量的消耗。

9、營養補充：

減少食物攝取的同時，若有必要，需適度地補充必需脂肪酸及其他維生素，詳細資訊請諮詢獸醫師。

10、監控及維持：

完整地記錄飲食計劃與體重變化，定期與獸醫師討論目前的成果以及接下來的計劃，快要達到或達成理想體態時，務必繼續維持，否則很容易又復胖。

貓靜態能量需求（RER）對照表

體重	每日所需卡路里	體重	每日所需卡路里
1 kg	70 kcal／day	6 kg	250 kcal／day
2 kg	120 kcal／day	7 kg	280 kcal／day
3 kg	160 kcal／day	8 kg	310 kcal／day
4 kg	190 kcal／day	9 kg	340 kcal／day
5 kg	220 kcal／day	10 kg	370 kcal／day

 貓奴筆記

■ 貓的味覺有酸味、鹹味及苦味，甚至可以辨識肉類胺基酸的味道，但是貓吃不出甜味，所以食物的香味對貓來說甚至比味覺重要唷。

過度肥胖的貓咪，除了增加罹患相關疾病的風險，
還會影響其生活品質及正常行為的展現。

The Meaning of Heart Murmur
心臟的悄悄話
──心雜音的意義

貓咪的心臟病不易察覺，務必定期檢查

心雜音是指，聽診時異於正常心音以外的聲音，心雜音的出現不一定等同於有心臟問題，相反的，有心臟問題也不一定會有心雜音，貓咪在相關疾病發生時，相對於狗狗來說，經常不會有明顯的症狀，所以定期檢查、早期診斷及追蹤會是相當重要的哦。

　　貓跟人一樣，除了有可能有先天性的心臟病外，也有可能會有後天性的心臟病發生，一般來說我們講的心音，是指心臟血流擾動及瓣膜關閉時出現的聲音，仔細分的話，心音可以分為4個，第1跟第2心音，是最常在聽診時去做評估的對象，是來自二尖瓣與半月瓣關閉的聲音；第3及第4心音則是舒張期，來自心房至心室血流的聲音，正常狀態下大多不會在聽診時被聽到。

　　所謂的心雜音，一般指在心臟聽診時，聽到除了正常心音以外的血流聲音，依照其雜音的強弱分為6級（Ⅰ、Ⅱ、Ⅲ、Ⅳ、Ⅴ、Ⅵ），第Ⅰ級最小聲，心雜音的強弱隨著級數增加。然而有心雜音並不一定等同有心臟問題，相反的，有心臟問題時，也並不一定就會有心雜音的出現。

心雜音的意義

　　心雜音其實是血液急流或是亂流的聲音。心雜音的產生有可能是生理性的（physiological），也有可能是病理性的（pathological）。研究統計發現，有心雜音的貓中，16～77％是由病理性的原因造成的，其餘則為生理性的原因所導致。

　　病理性的原因表示貓有心血管相關疾病，貓最常出現的心臟疾病為「肥厚性心肌症」。幼貓或年輕貓，有可能有先天性心臟病；生理性的原因為正常的狀況。

肥厚性心肌病：最常見的肥厚性心肌病，好發於美國短毛貓、英國短毛貓、折耳貓、布偶貓、緬因貓等。在某些品種的貓屬於遺傳疾病，一般來說，此問題是因為心室肌肉不正常的增厚，導致心臟的功能及效率受到影響，進而在代償及失代償階段有各種症狀出現，也因為不一定會有心雜音出現，在臨床症狀出現之前，唯一的診斷依據為完整的心臟檢查，包含X光、心臟超音波及心電圖等。

如何評估心臟病

　　心臟病初期貓咪不會有太明顯的症狀，隨著心臟病的病程進展，貓可能只是變得較為安靜，主人多半以為只是因為老化的過程導致他們的活動力下降，直到心臟病嚴重至心衰竭時，才會有明顯呼吸異常的狀況發生，而警覺到問題的嚴重性。

　　因為無法從聽診與外觀來確定心雜音的原因，需要心臟超音波來評估心臟的狀況。心臟超音波檢查的過程，有些貓咪可能需要輕微的鎮靜，使貓咪較為放鬆，完整心臟超音波檢查通常需要30～40分鐘。視貓咪的狀況而定，心臟的評估有可能也包含血檢、心電圖、胸腔X光、血壓等等。

　　心臟病會增加麻醉的風險，因此，發現有心雜音的貓咪，建議在麻醉前做心臟超音波的檢查，以確保其心臟狀況是適合麻醉的。另外，及早了解心臟的

 貓奴筆記

■ 貓休息或睡覺時的呼吸次數，應該要少於每分鐘40次，如果經計算，重複好幾次都高於上述，或是有逐漸增加的現象，建議與您的獸醫聯繫。

狀況，可以及早開始治療，延緩其惡化的速度。即便沒有發現嚴重的心臟病，檢查的結果也能作為基準值，以便將來追蹤。

幼貓如有輕微心雜音但無臨床症狀，獸醫師可能會建議2～4週後重複聽診檢查，因為幼貓較容易有生理性的心雜音，然而，如果心雜音持續出現，或是更為明顯，建議做進一步的檢查。

心衰竭

心臟可以說是生物體最重要的器官之一，其作用與影響也有一定的複雜程度。因此，當遇到鬱血性心衰竭的相關話題時，花俏的醫學臨床用語在沒有醫療背景的人耳中，聽起來可能沒有任何的道理。然而，對於身為飼主的我們，了解貓在遭受心衰竭風險時體內的狀況，以及我們應該注意的症狀是非常重要的，那麼，就讓我們一起來初步了解一下。

心臟就像是一個泵／幫浦（Pump），可以將貓的心臟想像成一個使血液循環至肺部與全身的泵。心臟病隨著時間的推移緩慢發展而變得嚴重，漸漸地導致泵無法正常運作，心臟（泵）仍舊盡力而為，但因為其工作效力降低，無法達到預期而造成壅塞，這種功能降低的狀況會導致壅塞或心臟（泵）內與前壓力升高。

鬱血性心衰竭的症狀

■ 鬱血性心衰竭時，在狗身上較容易引起咳嗽或咳嗽增加的狀況，而貓則較少見，貓有咳嗽情況時，較常與呼吸道疾病有關。

當心臟出現鬱血時，就像交通阻塞，血流（車流）無法像往常一樣順利前進，因此會在問題區域後方累積。如果是左心衰竭，這種鬱血（壓力）會在肺部累積；如果是右心衰竭，則會因為靜脈血淤塞無法回流，導致鬱血（壓力）在全身累積。

當壓力上升到一定的程度時，液體會開始由微血管洩漏出去，稱之為「微血管洩漏」。左心衰竭時，液體會滲入肺部或是胸腔中，而右心衰竭時，液體大多會滲入腹部。在肺部裡的液體會充滿通常只有空氣的小囊（肺泡），使得氣體交換更加困難，寵物必須多呼吸好幾次，才能吸收到相同的氧氣，這樣的狀況下，貓的呼吸頻率會增加也會更費力，有時還會引起咳嗽（但咳嗽在狗較為常見）。在貓咪，液體也有可能因為左心衰竭滲入胸腔中，導致胸水的形成，影響肺部擴張與呼吸困難，貓會出現快速淺層的呼吸模式。以上都是屬於急診的狀況，若發生需儘速就醫。

基因檢測

肥厚性心肌病在布偶貓與緬因貓身上屬於遺傳性疾病，目前有分別針對布偶貓及緬因貓的MYBPC3基因檢測，目前知道MYBPC3這個基因會增加發病的機會，不過可能還有受到其他基因的影響。若貓咪出生自繁殖業者，請記得要求相關檢測報告；配種前也請先進行基因檢測，有此基因的貓就不應該再被繼續繁殖。

早期診斷

心血管發生問題時，是可能在毫無預警的狀態下突然間發病，甚至暴斃死亡。有許多案例，貓咪外表看似健康、吃喝都正常，但在遭遇壓力、緊迫、驚

嚇、麻醉後，突然有心衰竭的狀況發生。一來是即便已有心臟病的問題，尚未發病時並不一定會有症狀出現，二來貓咪善於隱匿自己的不適，也不易讓主人察覺到，因此一旦某些原因刺激發病後，可能會出現心衰竭、血栓甚至猝死的狀況，經常讓人措手不及。

臨床上早期診斷是治療的重點，除了飼主平時注意觀察有無運動不耐、易喘、休息時呼吸頻率加快等症狀外，請依照醫師建議的時間，做完整的健康檢查，可以減少疾病被忽略的情況，提高治療及控制的機會，以維持貓咪良好的生活品質。

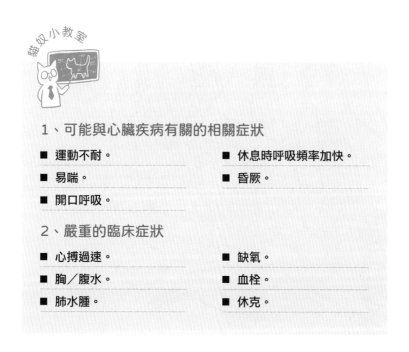

貓奴小教室

1、可能與心臟疾病有關的相關症狀

- 運動不耐。
- 休息時呼吸頻率加快。
- 易喘。
- 昏厥。
- 開口呼吸。

2、嚴重的臨床症狀

- 心搏過速。
- 缺氧。
- 胸／腹水。
- 血栓。
- 肺水腫。
- 休克。

牛磺酸保健品

　　牛磺酸是在心臟中含量最多的游離胺基酸，扮演著維持心肌健康的重要角色，為了維持貓孩的健康，許多家長會在保健食品上非常用心地準備及添加，但這些保健品的必要性與效益，甚至食用過多對身體是否會造成負擔呢？

　　其實牛磺酸在飲食中最主要的來源是肉類，只要家長們在飲食中有給予好的蛋白質來源，一般是不會發生牛磺酸缺乏的問題的，反過來說，這也就是為

什麼貓不能吃素的原因，若長期吃素，不但會有牛磺酸缺乏的問題，導致擴張性心肌症，還有可能因為其他營養的缺乏而衍伸出其他系統的問題，因此，千萬不可以讓貓吃素喔。

貓飼主們需要特別注意的是，某些肉類中所富含的牛磺酸比例可能較低，像是兔肉，所以如果是自行準備鮮食作為貓咪主食者，且僅有使用單一來源的某種肉類，請諮詢獸醫師進一步了解是否有缺乏營養素的可能。

在選用商品化的寵物產品作為主食時，建議選用至少有符合AAFCO或FEDIAF營養需求標準的產品，更加推薦有經過飲食試驗的產品，因為單就食物的營養分析，並沒有辦法完全反應每項物質在體內消化、吸收的狀況，還是需要正式的飲食試驗測試過的，較能反應貓咪真實的吸收狀況，雖然目前飲食試驗的時間仍舊太短（AAFCO所規範的貓飲食試驗期間為6個月），但相較之下選用相關產品還是多了一些保障。

目前牛磺酸保健品的添加，尚未有相關文獻及研究報告過量發生的問題，但如前所述，完整營養的飲食，一般來說是不會發生缺乏的，倘若還是想要做補充，也建議應適量即可。

 貓奴筆記

■ 經完整的檢查確診有心臟病的問題後，治療方向為減輕症狀與延緩疾病的進展，原則是生活品質的維持，大多沒有藥物可以「根治」相關問題。

平時可以在貓休息或睡覺時，計算呼吸頻率。

Dental Prophylaxis and Oral Health
健康的牙齒才有健康的身體
——洗牙與口腔保健
保持口腔健康，遠離牙周疾病

研究發現，貓的牙周疾病其實比我們預期的還要常發生，礙於貓咪善於隱藏不適的個性，較難察覺早期的症狀，但其實牙周病發生時，貓咪可能在經歷疼痛與不適，唯有定期的牙周檢查，才能早期發現問題、了解適合自己貓咪的牙周保健方式，進而有效地減少牙周疾病的發生。

　　牙周相關問題不管在幼貓還是在成貓中，都是非常常見的，據統計3歲以上的貓咪，約有85%以上都有這類問題，貓在這方面與人相似：年紀愈大，有相關問題的機會愈高。貓咪的牙周相關問題通常指過多的牙菌斑及牙結石堆積，影響支持及維持健康的牙齒周邊結構，進而引起牙周病的發生。

　　牙菌斑的累積是牙周疾病中最常見的潛在原因，這是一種在牙齒表面由細菌組成的薄膜，形成初期無法輕易地辨識，但可藉由特殊的溶液進行染色來確認。一旦牙菌斑持續增加、薄膜增厚，經常就可以直接見到在牙齒表面有灰色至白色的薄膜。牙菌斑帶來的問題極其重要，也因此減少牙菌斑的累積是預防牙周疾病非常重要的一步。

犬齒乳牙殘留

　　若牙菌斑持續累積而不予理會，它會形成堅硬、鈣化的牙菌斑，稱之為牙結石，一旦牙結石形成，可以明顯地在牙齒表面上看到黃色至褐色的堅硬物質堆積。嚴重的話會導致牙齦萎縮及出現嚴重的牙周病，且無法以刷牙的方式移除，需依賴洗牙等音波震盪的方式來移除。

貓奴筆記

■ 小貓換牙時，容易出現所謂「幼年期口炎」，這是因為恆久齒發出時，對牙齦造成的刺激，所以外觀上會看到牙齦潮紅，甚至會聞到口臭，這是一個完全正常的現象，通常需要約4～6週左右的時間恢復正常。

容易造成牙周病問題的原因

1、牙齒錯位：

　　牙齒在口腔中的位置如果不正常，相較於正常位置的牙齒，較容易有牙菌斑及牙結石的堆積，主要是因為錯位的牙齒無法在平常的咬合及咀嚼動作中，達到自然的摩擦與清潔，所以容易有牙周的問題發生。

　　常見的牙齒錯位原因包括有品種、乳牙殘留、外傷及先天異常等，短鼻品種的貓咪像是波斯貓、金吉拉、英國短毛貓、異國短毛貓等，因為天生較短的顎骨及牙床構造，造成牙齒的推擠及錯位；某些貓咪在恆久齒發出時，乳牙沒有正常掉落，滯留的乳牙會推擠導致恆久齒生長時角度異常，進而導致錯位；某些貓咪先天性會有異常的上下顎形狀，像是上顎較突出或下顎較突出等，以上這樣的問題與後天顎骨的創傷，像是骨折、不正常的癒合等，都會造成牙齒錯位的發生。

2、飲食：

　　飲食在貓咪的牙周疾病的進程中，扮演著一部分的角色，較軟、濕的食物相較於乾的食物，因為無法提供牙齒足夠的摩擦效果，以致於讓牙菌斑及牙結石較容易累積在牙齒表面。濕食本身也確實較容易堆積在牙齒表面與周圍，促進細菌與牙菌斑的形成。提供部分乾的飲食能幫助減少牙菌斑及牙結石的堆積，但飲食與牙周疾病的關係相當複雜。整體來說，在牙周疾病的預防上，較大塊的實體食物本身的構造與型態，會比是不是濕食來得重要。有些特別的飲食，像是經過設計的大顆粒乾糧或是濕食中有大塊的實體食物，可以增加牙齒的咀嚼與摩擦，來降低牙結石的堆積。

3、傳染病：

　　某些傳染病與牙齦炎有相關聯，較常見的有貓愛滋病（FIV）、貓白血病（FeLV）及貓卡里西病毒（FCV），貓愛滋病、貓白血病會造成免疫抑制，以及傾向有發生牙周病、牙齦炎的機會，持續性貓卡里西病毒感染則與慢性牙齦炎及口炎問題相關。

常見的牙周病

　　舉凡牙齒周圍的一切問題，都可以稱作牙周病，在貓常見的牙周病包括有牙齦炎、牙周炎、口炎。

1、牙齦炎：

　　在各年齡層的貓咪都相當常見，多半是因為牙菌斑與牙結石的堆積、刺激所導致，臨床上可見到牙齦潮紅。輕微的牙齦炎多半只要介入清潔即可有良好的改善，但中度及嚴重的牙齦炎，則需要完整的洗牙以及後續的口腔保健，才有辦法恢復並維持口腔的健康。

2、牙周炎：

　　在老貓身上較常見，通常發生時牙齒表面都有非常厚的牙結石堆積，牙齦因為受到長時間的炎症與刺激，開始出現萎縮，原本在牙齒周圍的牙周韌帶也逐漸失去其功能，最終牙齒搖晃、牙根裸露，在此階段的牙齒，大多以拔牙的方式來做處理。

3、貓口炎：

　　指整個口腔的發炎疾病。常見有2種，正式病名為淋巴球漿細胞性齒齦口腔炎（lymphocytic plasmacytic gingivostomatitis complex, LPGC）及慢性齒

齦口腔炎（chronic gingivostomatitis）。此疾病發生時，發炎反應從牙齦到後口，幾乎整個口腔都可以見到。這樣的發炎反應會讓貓咪非常地疼痛，除了影響進食之外，會看到貓咪經常性地流口水、抓嘴巴等，嚴重則會造成體重減輕、食慾下降等。確切造成貓口炎的原因目前並不清楚，僅知道可能與某些病毒性的感染（FCV、FIV）、免疫系統過度活化有關聯。

治療上通常是先進行完整的洗牙及牙齒的清潔，配合使用抗生素、抗發炎藥物等做控制。每隻貓咪對控制的反應不一，有許多貓咪甚至會需要以皮質類固醇或併用免疫抑制劑來控制，在某些案例中，發炎反應太過嚴重，無法以上述方式得到良好控制，以目前相關研究的建議，最有效的方式除了洗牙之外，仍舊需要配合拔牙。拔牙要視情況而決定需要拔的範圍，從移除臼齒、前臼齒到全口拔牙，大約有70～80％的貓咪可以有很好的控制，約20～30％仍需要進一步的治療，其中約有5～10％的貓咪仍無法達到良好的控制；其他內科的治療，主要以免疫抑制或免疫調控藥物為主，包括有環孢靈、類固醇及干擾素。另外，Doxycycline是一種抗生素，同時具有調節免疫的功用，經常會合併使用，治療上會有平均50％的改善，大約有一半的案例會達到臨床上的恢復。

在貓干擾素的實驗中，大約一半的貓咪有顯著的進步，配合使用類固醇的貓咪，則1/4有顯著進步。最新的幹細胞療法在初步臨床研究中也有不錯的成效，研究針對已全口拔牙，並使用過藥物控制，仍效果不彰的口炎貓（5～10％），採用貓咪自體的脂肪間質幹細胞培養純化後，靜脈注射回同一隻貓咪，成功率大約在70％，另外，對於以上治療都沒有效果的貓咪，最後可以嘗試二氧化碳雷射手術治療。

貓齒吸收病

貓齒吸收病在各年齡層的貓咪中都相當常見，據統計，5歲以上的貓咪，超過70%都有至少一個牙齒發生齒吸收的問題。齒吸收是指牙齒的侵蝕變化，通常在牙齦線（牙齒頸）的位置發生，有時也會在牙齦以下——牙根的位置發生，確切發生的原因目前並不清楚，目前推論與齒質母細胞（odontoclast）有關。若是在牙齦線位置出現齒吸收的狀況，經常會在外觀上看到牙齦增生，往上填滿侵蝕的孔洞；牙根部位的齒吸收發生時，外觀上幾乎無法辨識，須仰賴完整的牙科檢查及齒科X光，才有辦法診斷。

發生齒吸收問題的貓咪，該位置的牙齒是會疼痛的，但也由於貓咪善於隱匿病痛的天性，飼主較不容易早期發現問題，往

貓奴筆記

- 貓咪善於隱匿病痛與疾病的天性，往往讓我們在發現有異常時，都已經不是輕微的時候了。
- 齒科X光的目的，除了可以確認牙根的狀況外，還可以判定及評估貓齒吸收的狀況。

往都是進展到比較嚴重的程度，貓咪沒辦法忍受時，才會出現臨床症狀而被飼主注意到，所以定期的牙科檢查是非常重要且必要的。齒吸收是一個在貓身上特有的疾病，無法逆轉，目前也無有效的方式可以避免，一旦確認齒吸收的問題，通常該牙齒需要進行移除，以減少貓咪的不適。如果早期發現，可以先行觀察，目前建議每6個月要評估一次進展的程度。

牙齒斷裂

貓牙科疾病中，牙齒斷裂的問題不算少見，外力撞擊是常見的原因之一，當有牙齒發生斷裂時，應針對該牙齒進行個別的評估，包括牙髓腔有無暴露、觸碰時是否會敏感、牙周韌帶是否完好等，若評估有異，即使貓咪沒有任何症狀，也建議盡快進行根管治療或移除等處理，避免慢性疼痛與感染的發生。

洗牙與拔牙

貓咪的口腔健康跟人一樣，需要定時、定期的照顧與維持，除了每天的刷牙之外，固定時間的口腔評估與洗牙是非常需要的，但貓咪跟人類不同，他們無法乖乖地咬著X光片不動，以及躺在手術台上把嘴巴打開進行X光拍攝、洗牙，因此完整的口腔評估及牙科處理，都是要在全身麻醉下才有辦法進行，也因此每半年至一年的健康檢查時，需要納入基本的口腔及麻醉風險評估，若有需要進行牙科處理時，盡快且在有相對應設備（牙科治療台、齒科X光）的地方進行，以確保貓咪得到需要的治療。

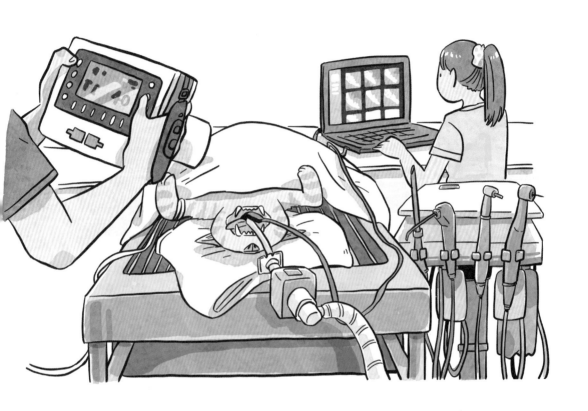

貓咪氣體麻醉維持中，醫師正在拍攝齒科X光片。

中老年貓期

與貓咪一同面對及控制疾病

隨著年齡的增長，貓咪有可能會面臨到疾病的發生，面對疾病，及早發現及早開始控制、治療，與貓咪一起度過難關。

Chapter

·

5

Hyperthyroidism in Cats
吃不胖──貓高甲狀腺素功能症
貓咪食慾很好，體重反而減輕

甲狀腺機能亢進是在熟齡貓階段常見的內分泌疾病，臨床症狀較為容易辨識，且診斷也相對簡單，甲狀腺亢進會造成許多臟器的慢性傷害，以口服藥物做控制是目前國內最常見的治療方式，大部分患有甲亢的貓咪，經治療都能達到理想的控制。

　　高甲狀腺素功能症（Hyperthyroidism）是因為位於頸部兩側腫大的甲狀腺，過度分泌甲狀腺素賀爾蒙所導致的疾病。造成甲狀腺腫大的原因，臨床上有2種，一為正常的甲狀腺細胞因為腺瘤樣增生或腺瘤導致功能亢進所導致，二為惡性甲狀腺腫瘤，但發生的機率較少，臨床上僅見4%。根據統計，此疾病好發於8歲以上熟齡貓、中老年貓及老年貓，確切導致貓高甲狀腺素功能症的原因並不清楚，但可能是由於食物中某些化合物的缺乏或過多，以及慢性地暴露在會影響甲狀腺的飲食、環境中所導致。由於甲狀腺素賀爾蒙會影響幾乎全身的器官，因此患有甲狀腺疾病的貓咪，經常都伴隨有二次性的問題發生。

 貓奴筆記

■ 高甲狀腺功能症經常發生於7～8歲以上熟齡貓、中老年貓、老年貓族群，也因此該區間的健康檢查安排，經常都會加入總甲狀腺素的檢查，以確保貓咪沒有相關的問題。

臨床症狀

在臨床症狀上，飼主通常會觀察到貓咪體重減輕、多食、多渴多尿、嘔吐、活動力上升等，而行為上可能會觀察到容易生氣、坐立難安、無法安穩的休息等；理學檢查時經常會發現較為明顯的甲狀腺體、體態消瘦、心雜音、心搏過速、奔馬音等；血液生化方面，常會發現肝指數上升（主要是ALT與ALKP的上升），腎指數則可能會上升、下降或是正常。

診斷與治療

診斷通常透過血液檢查，大多數貓咪透過檢驗血液中的總甲狀腺素（Total T4）即可確診；在國外也可透過閃爍造影（Scintigraphy）——利用放射性藥物在功能性的甲狀腺細胞做顯影的一項方法，用以判定甲狀腺的功能狀態及程度，也可用於偵測異位性甲狀腺組織；在比較複雜的案例中，也可能會使用到Free T4與TSH的檢測。治療的部分分為3項，包括有口服藥、手術、放射碘治療，在台灣絕大部分是使用口服的藥物，包括Methimazole與Carbimazole，另外在國外有用塗抹經皮膚

吸收的Methimazole；針對惡性甲狀腺腫瘤的部分，大多採用手術的方式將甲狀腺切除；放射碘131治療則是透過碘131破壞甲狀腺細胞的治療方式，是目前國外的黃金治療標準。

1、積極治療的目的：

可能與甲狀腺功能症同時發生的疾病，包括腎臟病、心臟病、高血壓與肝臟病，以上4個方面的疾病，都可能是原發性、繼發性或暫時被高甲狀腺功能症蒙蔽的疾病，在開始治療高甲狀腺功能症後，需特別注意這些問題，並給予適當的治療及控制。

不治療高甲狀腺素功能症的話，會加速貓咪的死亡，因為全身器官都處於亢進的狀態，會提高基礎代謝，而加快心衰竭、腎衰竭等狀況出現，最終貓會死於單一或多重器官衰竭，因此如果家裡的貓咪有相關的症狀，建議一定要盡快去看醫生及治療。

2、飲食控制療法：

某些研究指出，在飲食中限制碘的攝取，對某些患有高甲狀腺功能症的貓是可行的，但這樣的建議通常僅適用於，該患貓的狀況完全不能使用飲食以外的方式做治療，因為限制飲食中碘的攝取目前仍具爭議性，尤其考量到長期限制下會影響整體的健康等，目前相關研究仍在進行中，在未有進一步研究結果前，飲食控制的採用還是要與獸醫師做相關的討論。

 貓奴筆記

■ 放射碘131治療，目前在國外被譽為是黃金治療標準，主要是因為貓咪一般可以獲得良好的控制、副作用低、復發機率低，相較於其他控制方式的總花費，也並不會比較高，因此有這樣的建議。

患有甲狀腺功能亢進的貓咪，
經常會有多食，但體重卻持續下降的狀況。

Diabetes Mellitus in Cats
好餓、好渴、尿好多
——貓糖尿病
面對糖尿病，積極治療與控制很重要

貓咪常見的糖尿病類似人的第二型糖尿病，也就是非胰島素依賴型糖尿病。糖尿病貓跟人一樣會有三多的狀況，貓咪透過積極治療，是有機會可以得到緩解，且不需要長期依賴胰島素；即使沒能完全緩解，大多數的「糖尿貓」只要透過適當的照護，也可以有良好的生活品質。

　　許多人聽到糖尿病都會覺得非常可怕，尤其是得知家中貓咪有相關問題時，常常會有些不知所措，其實此一疾病並不少見。貓的糖尿病通常是屬於第二型糖尿病，一般來說，貓咪初期有胰島素阻抗併有胰島素相對性缺乏的狀況，而到晚期更併有胰島素分泌不足。目前已知肥胖會讓貓咪產生胰島素阻抗的現象，因此，胖貓比較容易罹患糖尿病。好消息是，大多數的「糖尿貓」只要透過適當的照護，糖尿病也是可以控制下來，維持良好的生活品質。

貓糖尿病是什麼

　　當身體無法產生足夠的胰島素或所產生的胰島素無法有效調節血糖時，血液裡的葡萄糖含量開始升高，尿液裡同時也會出現不該出現的尿糖，糖尿病就

此開始發展。此時細胞無法利用血中的葡萄糖，以致於身體處於無法正常運作的狀態，隨著時間推進，更多的症狀陸續表現出來。

患有糖尿病的貓往往喝水量會明顯變多，排尿量會增加；通常食慾旺盛，但儘管吃得多，體重反而減輕。在某些貓中，如果沒有儘早診斷糖尿病且加以控制，可能會發展成稱作「酮酸血症」的嚴重疾病，並可能引起嘔吐、腹瀉、脫水、嗜睡以及厭食等症狀。

如何診斷與治療

糖尿病相對容易診斷，並且費用相對便宜，通過簡單的血液和尿液測試，獸醫師可以確認貓的血糖是否升高。然而貓咪有可能會產生所謂壓力引起的高血糖現象，因此可以藉由在家中收取尿液以檢測是否有尿糖、重複血糖測試或測量血中果糖胺來幫助診斷。

在開始治療時，獸醫師會提供適當飲食和餵食計劃的建議，並開始每天兩次的胰島素治療。起初的1～3天，可能會建議在醫院監測血糖或是在家監測，以確保沒有低血糖的狀況。監測的方式與頻率，會因每隻貓、家中狀況、與醫師偏好而有不同。經過積極正確的治療，一部分的貓會進入Remission（緩解期），不再需要胰島素。

貓奴小教室

胰島素注射

■ 幫貓注射胰島素時，因為單位量少，通常會使用胰島素針進行皮下注射，以求精準與安全。

在家裡進行胰島素治療大約一週後，建議進行血糖曲線測試。這可以在動物醫院進行，或是與獸醫師討論有關在家中監測血糖的方式，以減少去獸醫院的壓力。在這一天的過程中，我們將會採集數個血液樣本以測試貓的血糖，來建立血糖曲線。根據這些結果來判定血糖控制的狀況，與是否需要調整胰島素的劑量與種類，若有需要的話，再為貓的胰島素劑量進行調整。

對於新診斷糖尿病的貓，起初的1～2個月，可能需要多次調整胰島素劑量與血糖曲線監測，以找到能達到理想血糖控制的劑量。這段時間裡，貓也可能因為其他疾病得到妥善的控制，其糖尿病進入緩解期，胰島素也會因此需要調降，甚至停止。

 貓奴筆記

■ 貓咪在家採血監測血糖時，通常會以專用採血針或27G針頭，穿刺耳翼的微血管，再將準備好的手持式血糖機與試片靠近滲出的血液，讓血液吸入試片中，來做血糖測試。

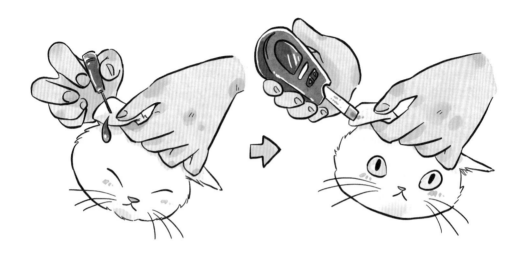

積極治療與預後

　　由於許多貓有機會進入Remission（緩解期），而愈快速地控制血糖，進入緩解期的機會愈高，這是因為高血糖會對分泌胰島素的胰島 β 細胞造成毒性，使其受損死亡，雪上加霜地使胰島素的分泌下降，加重糖尿病的病情。因此獸醫師最初可能會採取積極的治療方法，試圖使貓的血糖恢復正常水平，減低需要終身胰島素治療的可能性。

　　診斷後有近80％的貓，因積極治療而快速地進入緩解期。那些沒有進入緩解期的貓，通常血糖也能獲得良好控制，並且透過持續性的治療，多數可以維

持良好的生活品質。貓不會像狗一樣會有糖尿病引起的白內障，因此治療的目標是獲得緩解以及控制疾病的臨床症狀。

進入緩解期的貓很有可能在將來還會有糖尿病復發的狀況，因此，飲食、體重與其他疾病的控管很重要。肥胖是讓貓傾向罹患糖尿病的首要因子，其他疾病的發生，例如膀胱細菌感染等，也可能成為貓糖尿病復發或是控制不佳的原因。因此，即使進入緩解期，也需要定期檢查追蹤，如有任何疾病請儘早治療，以預防糖尿病復發，如有復發的狀況，也可以儘早控制，避免病情加重，導致「酮酸血症」的發生。

酮酸血症

當糖尿病發生且未接受治療或是控制不佳的狀況下，容易發生「酮酸血症」的狀況，主要是由於細胞缺乏葡萄糖時，身體會開始分解脂肪做為能量來源。大量的脂肪被分解後，形成游離脂肪酸，再經由肝臟代謝形成酮體，並出現在血液與尿液中。「酮酸血症」發生時，代表體內不正常的代謝已持續了一段時間，此時貓咪常見會有脫水、嘔吐、精神不佳、離子不平衡、低血壓、癱軟等症狀，這是有生命危險的警訊，需要立即就醫。

穩定控制糖尿病中的貓咪，
剛剛驗了血糖，正在主人腿上安穩地睡覺。

Chronic Kidney Disease in Cats
尿變多了——貓慢性腎病
了解慢性腎病，提前做好準備

慢性腎病為不可逆的疾病，了解當前腎病的狀
況，藉由慢性腎病的分期與次分期，我們可以
根據專科醫師的建議，給予適當的方式，來減
緩腎病的進程，並維持貓咪的生活品質。

　　慢性腎病是貓老年疾病中最常見的一種，腎臟因為經年累月的使用，開
始出現功能衰退的情形，在大多數情況下，此疾病會隨著時間逐漸惡化，但每
隻貓惡化的速率及程度不等，且差異甚大。腎臟最主要的工作為維持體液的平
衡、製造賀爾蒙、矯正體內離子狀態與酸鹼平衡、排除體內代謝廢物、再吸收
身體所需的水分等，在慢性腎病發生時，身體各方面的機能與平衡都會因此而
受到影響，造成各種不同的症狀。雖然慢性腎病是一個無法治癒且不可逆的疾
病，但仍舊可以透過適當的支持與治療，來維持生活品質、減緩疾病的進程。

貓慢性腎病的原因

　　大體上來說，當腎臟因為持續性的傷害或不可逆的損傷發生，導致運作
及移除血中含氮廢物的能力不全時，稱之為慢性腎病。大部分的病例中，因為

臨床病理與組織病理的檢驗結果並無特異性，所以確切造成慢性腎病的原因並不清楚，採樣的結果經常顯示，腎臟有慢性間質性腎炎（一種纖維化及發炎反應）的情形發生。

其他已知造成慢性腎病的原因包括：

1、**多囊腎**：在波斯貓相關品系常見的遺傳疾病，發生多囊腎問題時，正常的腎臟組織會逐漸地被囊泡所取代，進而引起腎功能不全的發生。

2、**感染**：細菌感染可能會造成腎臟損傷，引起腎功能不全的發生。

3、**毒素**：某些毒素及藥物可能會造成腎臟損傷，引起腎功能不全的發生。

4、**腫瘤**：腎臟相關的腫瘤，像是淋巴瘤（Lymphoma），可能會造成腎臟損傷，引起慢性腎病的發生。

5、**絲球體性腎炎**：腎絲球體為腎元中負責過濾的部位，會受到血液中物質的影響，例如免疫結合體，而引起腎絲球發炎的現象，如果發炎反應持續，則有可能會造成慢性腎病的發生。

貓奴小教室

腎臟主要的日常工作包括有

- 移除血液中的含氮廢物。
- 維持身體內水的平衡。
- 維持身體內電解質的平衡。
- 維持身體內酸鹼的平衡。
- 維持正常的血壓。
- 製造賀爾蒙。

提拉皮膚，依回彈的速度評估脫水的程度。

貓慢性腎病的症狀

慢性腎病的進程緩慢，起初可能會見到的症狀相當不明顯且輕微，但狀況會隨著時間逐步地惡化，相關的症狀眾多，某些來自於因為含氮廢物堆積於血液中所產生，某些則是身體為了要適應這個疾病而出現的代償反應。常見的症狀有許多，包含體重減輕、精神不佳、嘔吐、脫水、食慾不振、尿量增加、飲水量增加、毛髮粗糙、口臭、無力、黏膜顏色蒼白等，症狀不一定都會出現，也可能會間斷性地發生，有觀察到相關症狀時，請務必提高警覺。

如何診斷慢性腎病

慢性腎病的診斷，通常需要收集血液及尿液樣本一同分析，傳統上，我們經常利用血液學檢查，檢驗血漿中肌酸酐（Creatinine）及血中尿素氮

（BUN）的含量，此2種物質為代謝的副產物，正常會經由腎臟排出，因此藉由檢查血液中其含量的多寡，來確認腎臟的工作狀況。然而血液中此兩種物質的上升會受到代謝、飲食及水合狀態等影響，所以會需要配合尿液樣本的分析，才能給予完整的評估，尤其尿液分析中與尿液濃縮狀況有關的尿比重一值，通常可以反應腎臟目前再吸收水分的狀況。大部分慢性腎病的貓咪，尿比重會低於1.030，而正常的貓尿比重約是1.039～1.042。

近年來，另一項協助評估貓慢性腎病的血液檢驗 SDMA（Symmetric dimethylarginine）問世，它相較於肌酸酐及血中尿素氮來得更敏感，且較不容易受到其他因素影響，經常會與其他項目及尿檢一併使用，以完整地做腎病分期評估及獲得更全面的資訊。

患有慢性腎病的貓咪，在血液學檢查中，通常還可以發現許多因慢性腎臟病所衍生的重要變化，像是低血鉀、貧血、高血磷等；另外血壓的測量也相當重要，高血壓是另一項經常合併發生的問題；腎病進展時，也可能會出現蛋白尿的狀況，因此定期追蹤尿液中蛋白及肌酸酐（Creatinine）的比值（UPC），也是評估慢性腎病進展及預後的重要方式，相關症狀的控制也相當重要。

IRIS腎病分級

國際腎臟權益組織（ International Renal Interest Society, IRIS ）將慢性腎病做了完整的分期，主要根據肌酸酐（Creatinine）及SDMA的數值來作為主要分級的依據，共分為4級（Stage1～4），另外也將血壓及UPC納入次分級中，依據此4個分期階段，給予完整治療與控制的建議。（表1）

（表1）

IRIS腎病分級表

	Stage 1 無氮血症	Stage 2 輕微氮血症	Stage 3 中度氮血症	Stage 4 嚴重氮血症
CREATININE	< 1.6mg/dL	1.6 ～2.8mg/dL	2.9 ～5.0mg/dL	> 5.0mg/dL
SDMA	< 18ug/dL	18 ～25ug/dL	26 ～38ug/dL	> 38ug/dL
UPC ratio	無蛋白尿<0.2；邊界蛋白尿0.2 ～0.4；蛋白尿>0.4			
血壓 （mmHg）	正常血壓 <140；高血壓前期 140 ～159；高血壓 160 ～179； 嚴重高血壓 >180			

慢性腎病如何控制

　　若是確認為某些特定原因所導致的慢性腎病，比方說細菌感染，就可以針對相關的原因做治療，藉此停止或減緩腎病的進展，但大多時候，我們能做的只有症狀控制與支持療法，某些貓咪最初可能會需要靜脈輸液等方式矯正脫水的情形，一旦脫水的問題被矯正，接下來的目標為持續支持腎臟的功能及控制相關的併發症，延緩不可逆的慢性腎病進展。

　　為能理想且有效地控制慢性腎病的進展，通常會需要持續地做血壓、血液及尿液的追蹤，以即時針對可控制的併發症做出相對應的治療，比方說貧血、低血鉀、高血磷、高血壓及蛋白尿等。依個別的狀況，貓咪可能需要搭配多種的藥物做控制，不過這有時候也要取決於貓咪對投藥的接受度，除了藥物以

醫師正在教飼主如何使用皮下點滴。

外，飲食對慢性腎病的控制也是維持生活品質的一大關鍵。

　　以下為飲食及控制需要注意的要點：

1、水分攝取：

　　患有慢性腎病的貓咪，主要因為腎臟無法有效地留住水分，很容易會出現脫水的情形，因此水分的攝取，對慢性腎病的患貓十分重要，也因為貓咪一般較常透過食物獲取水分，相較於單純乾飼料的給予，配合提供濕食會是較理想的選擇。

2、適量且高品質的蛋白質來源：

　　飲食中過高的蛋白質與其所含的磷，會對已經有狀況的腎臟形成負擔，造成高血磷與加重氮血症，並可能導致更多併發問題。但過低的蛋白質又無法完

整提供貓咪所需的蛋白質，可能會導致肌肉的流失與更嚴重的氮血症，因此目前的建議是選擇含有適量且高品質蛋白質的飲食。

3、低磷飲食：

　　發生慢性腎病時，限制飲食中磷的含量，能減少腎臟的負擔、降低可能對腎臟的損傷，提升貓咪的生活品質。倘若已選用相關的低磷飲食，血中的磷離子含量仍處於高值，則可以配合使用降磷藥物。常見的降磷藥物有許多種，用法皆為將降磷藥物混合於每餐的食物中，以減少腸胃道對磷的吸收，達到控制血磷的效果。

　　雖然對於患有慢性腎臟病貓咪的飲食，有許多建議與處方產品可以使用，然而，最終的決定權還是在貓主子，因此，只要是貓主子願意吃的食物就是當時最好的食物了。其他協助貓咪進食的方式，除了食慾促進的使用外，還有放置食道餵管的選項，即可藉由此方式給予水分與適當的營養。

 貓奴筆記

■ 水分攝取的控制上，經常會遇到流失速度追不上補充速度，而形成脫水的狀況，此時皮下點滴的輔助給予，能較有效率地幫患貓補充水分，維持正常的體循環。

■ 慢性腎病經常會發生食慾不佳的狀況，除了提供必要的治療及支持外，必要時給予促進食慾的藥物，也可以幫助貓咪維持正常的熱量攝取；倘若藥物無法帶來效果，在生活品質的維繫上，也建議可以考慮食道餵管的置放，避免強迫灌食的操作。

主人正在為裝置食道餵管的貓咪進行灌食，
大部分貓咪都非常能接受食道餵管的放置與使用，
操作也相對友善及簡單。

Diffuse Enteropathy in Cat
經常嘔吐──貓的慢性腸胃疾病
藉由飲食與藥物得到良好的控制

嘔吐是貓咪生病常見的症狀，如果有相關的慢性腸胃道問題，通常都需要詳細檢查，首先以排除其他系統性問題為主，再做進一步腸胃系統的檢查，多半包含腹腔超音波檢查，有些疾病甚至需要採樣才能確診，所幸許多慢性腸胃道問題，在確診後，可以藉由飲食與藥物得到良好的控制。

　　我們常常聽到飼主說，貓咪不定時會有嘔吐的現象，或是有長期軟便的情形，這樣子的狀況如果超過3週，即屬於慢性的問題。慢性腸胃道症狀包含嘔吐、下痢、食慾不振、甚至體重減輕，以上症狀可能會有時好時壞的情形。造成貓咪慢性腸胃道症狀的可能性很多，例如吐毛球、腎臟病、慢性胰臟炎、甲狀腺亢進、食物過敏、瀰漫性腸病等，也因此檢查的過程可能需要一段時間。

檢查過程

　　一般來說，如果理學檢查沒有明顯問題，首先會進行血液、尿液及糞便檢查來排除消化系統以外的疾病，例如腎臟病、甲狀腺亢進等老年好發疾病，與體內寄生蟲，一般的血液例行檢查包含血球計數、血液生化、總甲狀腺素檢

查，大多時候獸醫師也會將胰臟炎快篩及糞便檢查加入檢查項目中。以確認有無胰臟炎及排除寄生蟲、原蟲感染等問題。

　　倘若初步檢查都沒有問題，貓咪的食慾、體重與精神皆沒有受到影響，則可以在進行影像學的檢查之前，先嘗試一下飲食控制。飲食的選擇大致可以區分為3大類：

 貓奴筆記

簡易檢查流程：
- 理學檢查。
- 血液檢查、尿檢、糞檢。
- 影像學檢查：腹腔超音波為主。
- 採樣。

1、低渣腸胃道飲食：

此飲食顧名思義應是很好消化，且產生的糞便很少，例如某些腸胃道處方飲食、水煮雞胸肉等，不過水煮雞胸肉不是均衡的飲食，只能短期使用。有些有類似敏感性腸胃的貓咪，或許可以單純藉由低渣腸胃道飲食來做長期控制。

2、水解蛋白飲食：

此飲食利用水解蛋白的技術，將大分子的蛋白質分解為小分子，以降低引起動物免疫反應的可能性，如此一來，可以降低過敏性腸道的發炎程度與不適，尤其是針對食物過敏的貓咪，可以用來長期控制。

3、新蛋白飲食：

貓咪的食物過敏，通常是對蛋白質過敏，而新蛋白意指貓咪個體尚未接觸過的蛋白──通常是使用少見的肉類，例如兔肉、袋鼠肉、鱷魚肉等飲食。因為尚未接觸過，新蛋白引起免疫反應的可能性較低，與水解蛋白的目標一樣針對食物過敏的貓咪，如果是均衡營養的飲食，可用來長期控制。

 貓奴筆記

選用飲食建議與獸醫師討論，以免用錯飲食而沒有成效。
飲食調整選項：

■ 低渣腸胃道飲食。　　　　　　　■ 新蛋白飲食。
■ 水解蛋白飲食。

　　飲食的試驗需要至少2週的時間，這段時間中，只能吃同一飲食，不能有其他零食，也不建議使用補充品，以免其中含有引起免疫反應的蛋白。飲食試驗的的結果可能是症狀幾乎消失、減輕或沒有改善，如果是第1個情形：症狀幾乎消失，那麼可以使用此均衡飲食做長期控制；如果是第2種情形，建議持續飲食，並考慮進行下一階段的診斷與治療；最後沒有改善的話，那麼就會建議做下一階段的診斷與治療。

　　一般來說，下一步是影像學的檢查，完整的腹腔超音波可以用來檢查腸道的結構分層、腹腔淋巴結大小以及其他腹腔臟器包含胰臟、肝臟、膽道等是否有異常。影像學的資訊通常無法給我們一個最終的診斷，但可以幫助我們獲得更為精準的鑑別診斷，並引導我們採樣的部位。然而，超音波檢查是一個很依靠技術的檢驗方式，因此，並非每個地方都能提供完整的腹腔超音波檢查。

　　某些情況之下，我們可能需要採樣才能確診，採樣的方式包含細針採樣（Fine-needle aspiration）、穿刺採樣（Tru-cut biopsy）、內視鏡採樣、手術採樣，以上這些方式各有利弊，需要以每隻動物的狀況與上述檢驗的發現來做建議。

慢性腸胃道症狀的常見原因

1、貓食物過敏症（Feline dietary hypersensitivity or food allergy）：

　　貓食物過敏症有可能造成皮膚搔癢的症狀，也有可能造成慢性腸胃道症狀，針對食物過敏的部分，需要以「飲食排除試驗法」來做診斷。

2、貓炎症性腸病（IBD，Inflammatory Bowel Disease）：

　　貓炎症性腸病是一種腸道持續性發炎的疾病，導致的原因尚未釐清，目前推論的原因有：

- **免疫系統對食物中的某種物質有過度反應。**
- **免疫系統因腸道中不正常的菌做出適度持續的反應。**
- **免疫系統對腸道中常在菌做出過度的反應。**

　　超音波影像可能會看到腸壁增厚的現象，有時候會伴隨淋巴結腫大。治療可能包括飲食調整、維生素B12補充、類固醇、其他免疫抑制劑與適當的抗生素，治療的成效主要以臨床症狀的改善為主。

3、腸道小細胞淋巴癌（Gastrointestinal Small Cell Lymphoma）：

　　貓腸道小細胞淋巴癌為癌化的T淋巴球浸潤腸壁的疾病，因為也是瀰漫性的浸潤，超音波影像與貓炎症性腸炎（IBD）相似，臨床症狀也相仿，因此這兩種疾病很難區分，目前的黃金診斷方式是結合傳統組織病理學與免疫組織染色，意味著需要內視鏡採樣或手術採樣的樣本來做組織切片，才能進行上述的檢驗。

貓奴小教室

慢性腸胃道症狀的常見原因

- 食物過敏症。
- 炎症性腸病。
- 腸道小細胞淋巴癌。
- 慢性胰臟炎。

　　治療方式與貓炎症性腸病相似相似，包含飲食調整、維生素B12補充、類固醇、免疫抑制化療藥物 Chlorambucil，適當的抗生素也可能在初期使用，治療的成效一樣是以臨床症狀的改善為主。雖然這個疾病屬於癌症，然而它的預後不差，先前的研究指出患病貓咪的中位生存期為22個月，近年來的研究更發現，有些沒有症狀的老年貓，因為其他原因過世，才在屍解的過程中意外發現患有這個疾病，意指貓咪或許可以跟這個疾病共存許久，也有人推測腸道小細胞淋巴癌可能是貓炎症性腸病的延續。

4、慢性胰臟炎：

慢性胰臟炎的可能原因可以分為幾個大項：

- **自發性（Idiopathic）**：也就是指不明原因。
- **感染性**：一般是經由胰管的上行性感染，又因為胰管與總膽管有同一出口進入十二指腸，因此如果感染後，貓咪常常同時有胰臟炎與膽管炎的發生。
- **三腺炎（Triaditis）**：三腺炎指腸道、胰臟、膽管同時發炎，這樣的情形多發生在貓炎症性腸病的狀況。

胰臟炎的治療沒有特效藥，如有診斷出原因，即可針對原因做治療，例如感染，則投予適當的抗生素。胰臟炎的治療中，支持療法是很重要的一部分，包含輸液治療、止痛、止吐、食慾促進或其他營養補充的方式、維生素B12的補充等，慢性胰臟炎的治療中也可能包括類固醇的使用。

長期目標

造成慢性腸胃症狀的疾病很多，一步一步的檢查以得到適當的診斷或鑒別診斷，才能給予適當的治療。上述提到這幾個疾病的治療中，飲食的調整與維生素B12的補充都包含在治療計劃中，但這些是屬於輔助性質的治療，因此很多時候，單純調整飲食不會有明顯的改善。雖然慢性腸胃道症狀很少有立即性的危險，但長期來說，會造成貓咪食慾不振、體重下降、營養不良的狀況，最後還有可能併發其他問題，因此如有相關症狀的貓咪，還是建議要做檢查、治療與追蹤喔！

醫師正在進行腹腔內視鏡的採樣。

貓咪痛
但是貓咪不說

　　貓咪天性為獨居的獵人，在野外以捕食小型哺乳類動物為主，同時也要躲避掠食者的獵食，在這樣的環境條件下為了生存，貓咪開始善於隱匿自己的疾病或疼痛，以避免被掠食者發現，演化至今，這樣的天性並沒有消失，仍舊有著隱匿疾病與疼痛的習慣。家貓在生活中，這樣的天性讓飼主不容易發現異狀，甚至發現時疫情常常已經非常嚴重了，因此除了定期的健康檢查以外，要從貓咪外觀做疼痛與不舒服的評估，其實是相對有難度的。

　　隨著我們愈來愈重視動物的疼痛管理，慢慢地也研究開發出一些與貓咪疼痛相關的評估工具，不過貓咪

的疼痛行為有時候很難與其焦慮害怕的行為做區分，因此疼痛的評估一般來說相較於狗困難許多。這些經過驗證的評估工具，可以提供我們較為客觀、量化的資訊，可以讓主人在家進行相關評估，像是格拉斯哥（Glasgow）貓咪疼痛評估量表就是一個醫院經常使用的工具，除了可以觀察貓咪的姿勢反應外，還能在貓咪的臉部表徵上做評估，是個相當實用的工具唷。（表1）

（表1）

格拉斯哥（Glasgow）貓咪疼痛評估量表

問題		貓咪的反應		分數
1	觀察聲音	安靜／呼嚕／喵叫		0
		哭叫／吼叫／尖叫		1
2	觀察行為	放鬆的		0
		舔嘴唇		1
		無法休息／畏縮在角落		2
		緊繃／趴蹲		3
		僵直		4
3	當身上有傷口時	忽略任何傷口或疼痛位置		0
		持續注意傷口		1
4	選擇貓咪當下相似的耳朵位置	耳朵豎起、有精神		0
		耳朵稍微下垂		1
		耳朵垂成平行		2

5	選擇貓咪當下相似的鼻口形狀	上唇豐潤		0
		上唇稍扁平		1
		上唇成一直線		2
6	從頭部向尾部觸摸	對撫摸有反應		0
		無反應		1
		具侵略性		2
7	溫柔輕壓傷口或疼痛的區域周圍5cm的位置；若無疼痛區域，則輕壓後肢膝蓋以上的位置	無任何作為		0
		甩尾／耳朵下折		1
		哭叫／哈氣		2
		吼叫		3
		咬／出爪		4
8	觀察貓咪的情緒	開心及滿足的		0
		對周遭無興趣的／安靜的		1
		焦慮的／害怕的		2
		呆滯的		3
		沮喪的／生氣的		4

總評分-/20

老年貓期

生活品質維持的重要階段

此階段的生活，除了慢性疾病的控制，更重要的是生活品質的維持，藉由了解貓咪的需求，來幫助他們生活得更舒適。

Chapter

6

Degenerative Joint Disease &
Environmental Modification

無法跳高了——
退化性關節疾病與環境調整

關節炎不但會造成疼痛，還會影響生活品質

完善的退化性關節炎控制，除了疼痛管理外，環境改善是不可或缺的一環，也是近年來愈來愈受到重視的一部分，復健治療也是近年來備受矚目的領域，在關節炎的疼痛控制上，提供了更多元的治療方式。

　　退化性關節疾病對於老犬所造成的影響，包含疼痛與生活品質的降低，是大家所熟知的，然而反觀退化性關節疾病對於貓咪的影響，大家相對所知有限。根據近十年的研究，退化性關節疾病的X光影像變化其實在貓咪還蠻常見的，甚至可以在年輕貓咪即可見到X光影像上的變化。

　　因為貓咪善於隱藏疾病的特性與大家知識的不足，這個疾病對於貓咪生活品質的影響，在過去並不被熟知。隨著醫療的進步與大家對於貓咪照護的進一步了解，很多貓咪都能活到將近二十歲，甚至超過，貓咪的老年照護在獸醫醫療所佔的比例也逐年增加。我們應該更注意退化性關節疾病對於貓咪生活上的影響，以預防疼痛，改善他們老年的生活品質。

退化性關節疾病的臨床症狀

　　退化性關節疾病在狗中的常見症狀是跛行、行動緩慢等，但在貓中通常沒有這麼容易辨識，由於大多數患有退化性關節疾病的貓只表現出細微的症狀，且貓咪擅於隱藏身體的不適，因此退化性關節疾病很容易被忽略。在患有此病症的貓咪中，常見的症狀包括：不願或無法跳上傢俱或由高處跳下；普遍不願移動，主人一般描述為「常常在睡覺」；觸摸、抱起或移動貓咪時，他們可能會有些激動、反抗或不開心，尤其當碰觸到受影響的關節周圍；走路時，可能

 貓奴筆記

退化性關節疾病的症狀：

- 互動行為異常：減少互動、躲藏、易怒、觸摸或抱起會不開心。
- 睡眠與休息改變：減少休息時間、無法找到舒適的姿勢或是位置、不尋常的姿勢、也有可能增加休息時間。
- 食慾減少：通常會降低但還是有吃。
- 姿勢異常：拱背、低頭、不正常的坐姿或趴姿、疼痛的表情例如瞇眼。
- 理毛習慣改變：變得不愛理毛磨爪、毛髮打結不順、並會針對疼痛的地方過度理毛。
- 如廁習慣改變：上大號的次數減少、在不正常的地方如廁、變得無法輕易進出貓砂盆。
- 玩耍次數減少：減少玩耍、減少跳躍。
- 喵叫聲改變：增加不悅的喵叫聲、減少打招呼與愉悅的叫聲、碰觸疼痛處時會哈氣。
- 機動性降低：減少跳躍的頻率、跳躍前會遲疑、爬上爬下不易、瞇眼睛、四肢僵硬、活動力降低、進出貓砂盆可能有困難、選擇容易到達的地方休息睡覺。

會顯得四肢僵硬;不願意磨爪、不願意理毛;或是不易進出貓砂盆。然而,患有退化性關節疾病的貓咪可能只會表現出部分的症狀,並非一定會表現出以上提到的所有徵兆。

退化性關節疾病的治療與控制

退化性關節疾病的改變大多是不可逆的,治療的目標是經由減輕疼痛和不適來改善貓咪的生活品質,並延緩疾病的進展。對於患有此疾病的貓咪,可以從其生活的環境開始著手,透過環境的改善來增進其生活品質,讓貓咪可以輕鬆地走動、到高處,並緩解疼痛。

1、以下是改善環境的一些建議:

- 提供「階梯」,讓貓咪可以爬到喜歡的高處休息、看風景。
- 提供入口較淺且夠大的貓砂盆,並放置在多層房屋的每個樓層。
- 將食物與水盆放置在貓咪容易到達與取得的地方,並且放置多個於不同的地方,水與食物應該分開擺放。
- 可以將食物與水盆稍微抬離地面,方便貓咪不用低頭即可取得食物與水。
- 鼓勵貓咪做溫和運動,以保持關節活動度和肌肉張力,可以運用玩具和食物做一些溫和的遊戲,都會有所幫助。

另外,以體重控制來達到健康的體態,對緩解退化性關節疾病所造成的疼痛,是非常有幫助的。一般正常體態的貓咪也會更願意活動,以維持靈活度與肌肉量。

2、使用藥物給予良好控制：

　　退化性關節疾病是慢性疾病，治療與管理也是長期的，隨著疾病的進展，可能會需要加入藥物的控制以緩解疼痛，或是改變藥物的劑量。美國動物醫院協會 AAHA／美國貓科獸醫協會 AAFP 的疼痛管理指南建議重複對病患進行疼痛評估，我們可以透過對於老年貓咪每半年一次的定期檢查，以及藉由教育主人如何在家中評估貓咪狀況，搭配電話或電子郵件的追蹤來確保貓咪的疼痛是否得到良好控制。

貓的長期止痛藥物選擇有限，非類固醇消炎藥（NSAIDs）使用於貓慢性疼痛治療的相關研究，持續更新中。但最近的文獻描述了長期使用非類固醇消炎藥——Meloxicam有可能導致急性腎損傷，也因此美國食品藥物管理局（FDA）提出警告，指出該藥物只能一次性使用於貓，不建議長期使用。FDA最近批准了非類固醇消炎藥——Robenacoxib（Onsior®）用於貓的短期使用（3天），近期也在台灣上市；非類固醇消炎藥（NSAIDs）對於貓的慢性疼痛是非常有效的止痛藥物。然而，目前我們缺乏可以長期使用於貓咪的非類固醇消炎藥物。

其他常用於退化性關節疾病的止痛藥物如下：

- Tramadol：類嗎啡藥物，但沒有任何嗎啡常見的副作用。單獨使用或與其他藥物合併使用於貓的效果都不錯。少數狀況下，它可能會引起便秘或嘔吐。

- Gabapentin：是一種有效緩解疼痛的止痛藥物，與其他止痛藥一起使用時，通常可以減少其他藥物的劑量。在人的醫學中，它是用於治療神經性疼痛和癲癇，在貓中，此藥物可以用做早期退化性關節疼痛的單一藥物。

- Amantadine：一種止痛藥，可阻斷神經通路的疼痛感。作為單一藥物的效果不顯著，但可以增加其他藥物的止痛效果，因此常與其他治療與藥物一起使用，大多是多方位止痛計劃中的一部分。

有獸醫師會建議注射「軟骨保護劑」（例如：品牌名稱Synovan® 和Pentosan®）。即便目前缺乏強而有力的科學實證，但有微薄的證據顯示這些藥物可能可以促進軟骨修復，幫助減緩軟骨損傷，在關節修復的其他方面提供幫助，並刺激產生更多的關節潤滑液，再加上這些產品都相對安全，因此愈來愈廣泛使用。

3、保健食品：

退化性關節疾病的處方飲食，是經過專門配製以控制與退化性關節疾病相關的不適，並延緩疾病的進展，此類處方飲食（包括RoyalCanin® mobility和 Hills® j /d®）大多能透過您的獸醫師取得。

市面上有許多口服關節保健品，可能含有維骨力（Glucosamine）、軟骨素（Chondroitin）、天然綠唇貽貝、玻尿酸、二甲基碸（MSM）和酪梨與大豆非皂化物，以上這些成分皆聲稱可以減輕關節疼痛。

大多數的關節保健品皆聲稱可以經由增強軟骨和減少炎症反應，來改善關節健康，其中少數保健品相比之下有較多的研究佐證，然而大多數產品，只有薄弱的科學實證。這些產品沒有太多的使用禁忌，是相對安全的，因此一些獸醫師會建議使用動物專用的關節保健產品，於患有退化性關節疾病或有風險的病患中。

4、其他治療方式：

復健醫療近年來在獸醫領域中快速發展，經過認證的復健獸醫師可為慢性關節疾病提供多種治療方式，也可以為動物量身設計治療計劃，包括但不限於雷射治療、水療、超音波治療和徒手治療；而針灸在復健醫學的使用上，可以是緩解疼痛的一個工具。

實驗性的治療包含幹細胞療法和富血小板血漿（PRP）注射，但目前的研究與數據有限，還需要進一步的研究。

結論與建議

貓的退化性關節疾病屬於進展性疾病，並且可能演化成衰竭性疾病，最近的證據顯示，很多貓咪都會受到退化性關節疾病的影響，尤其隨著貓咪年齡的增長，相關疾病的發生也隨著增加，獸醫師能幫助診斷和治療退化性關節疾病，以改善貓咪的生活品質。

退化性關節疾病一般是透過完整的行為歷史與生活型態、理學檢查，或許再加上X光上的改變，做出最後的診斷。獸醫師若能讓主人了解貓咪患有退化性關節炎的可能性，並且幫助主人具備辨識潛在疼痛和不適跡象的能力，使主人成為更有能力的觀察者，對於貓的疼痛監控與老年照護很有幫助。如果主人知道退化性關節疾病很有可能隨著貓的年齡增長而漸趨嚴重，也知道貓咪的年齡不再是唯一造成肌肉消瘦、不願理毛和脾氣暴躁的合理解釋，就更有可能發現問題並且採取行動，也更能提早在家採取改善生活品質的措施。

大家可以透過對於關節疾病的認識與了解，早期發現貓咪的不適，以避免他們長期忍受疼痛，甚至導致其他問題的產生，如此才能提昇貓咪老年照護的品質喔！

 貓奴筆記

退化性關節疾病的管理重點整理：

- 環境改善：提供階梯、入口較淺的貓砂盆等。
- 體重控制。
- 止痛藥物。
- 保健食品。
- 復健治療。

關節疼痛的貓咪，因為沒有階梯或額外的踏階，
無法順利到達高處，只能在地上挫折地來回走動及喵叫。

Cognitive Dysfunction Syndrome
行為改變與異常
——認知功能障礙
面對老化的到來，為認知障礙做好準備

貓咪老化跟人一樣，可能會出現大腦的認知能力退化。行為改變常常是最先被察覺到的症狀，確診不是這麼容易，通常需要排除其他常見疾病與問題，加上相符的臨床症狀，才能做出「認知障礙」的推定診斷。可以進行環境及飲食的調整，必要時配合醫師的指示，使用相關藥物做控制，才能減緩退化的發生，改善生活品質。

　　動物醫療發達的今日，貓咪的壽命得以延長，家貓的年齡也經常都可以超過15歲以上，然而老年的階段，也經常會伴隨著身體機能的退化及疾病的發生，其中一項就是年老帶來的大腦「認知能力退化」。認知能力包括學習、記憶、注意力、空間辨識等，稱之為「認知功能障礙」（Cognitive Dysfunction Syndrome, CDS），在人身上也有許多其他別稱，像是衰老（Senility）及癡呆（Dementia）等。

　　認知功能障礙發生時，會出現許多行為上的異常與改變，然而某些疾病發生時，也可能會出現與認知功能障礙相似的異常行為，因此，如果您觀察到家中的老貓有行為異常的狀況發生時，請務必要先帶至醫院進行檢查，確認有無

潛在的疾病發生，一旦所有的疾病都被完整排除後，才可以對認知功能障礙進行診斷。

　　與認知障礙有關的行為改變：

1、**空間認知障礙**：不清楚自己在哪裡、被困在某個角落、忘記貓砂盆的位置。

2、**時間認知障礙**：對目前時間感到困惑、忘記餵食時間已經到了。

3、**作息改變**：平常睡覺、活動的時間發生改變。

4、**如廁習慣改變**：在家中不正常的位置上廁所。

5、**異常地發出聲響**：夜晚時會大叫、大哭。

6、**改變跟飼主或其他寵物的互動與關係**：吸引注意的行為增加、可能會出現攻擊性的行為。

7、**行為改變**：易怒、焦慮、反應降低。

8、**學習與記憶的改變**：忘記以前學過的指令、忘記曾經學過的貓砂盆訓練。

9、**活動力的改變**：活動力降低、無目的地來回走動。

10、**舔毛行為降低**。

 貓奴筆記

■ 若發現貓咪有疑似認知障礙發生的行為改變時，請務必讓獸醫師進行檢查與診斷，確認這些改變不是因為其他疾病所導致。

環境及飲食調整

出現認知功能障礙的貓咪，我們可以藉由增加環境的豐富性來幫助他們，像是增加更多的玩具、使用互動餵食器、提供氣味上的刺激，還有增加陪伴貓咪互動的時間，提供可以躲藏的地方，以及舒適且安全的垂直空間。這類的方式能增進對大腦的刺激、促進腦中神經細胞的生長與存活，並增進認知功

貓咪使用互動餵食器。

能。使用這類方式時，建議要逐步調整，不要一次改變過多、過快，讓貓因為無法適應快速的變化而感到挫折。尤其是互動餵食器的使用，若貓咪從來沒有用過，建議要緩慢地引進，從簡單的互動餵食方式開始。

飲食的部分選用富含抗氧化物質的食物，可能會對患有認知功能障礙的貓咪有幫助，因此在此階段可以考慮轉換成相關的飲食，或是選用相關的抗氧化食品補充物，兩者併用也可能會對貓咪帶來幫助。

嚴重的認知障礙

　　如果貓咪出現多樣認知功能障礙的症狀，那可能代表了貓咪的認知能力已有相當幅度地下降，這樣的狀況會使貓咪無法如從前般容易適應新環境及改變，可能會導致壓力與緊迫的發生，因此在環境調整上，要盡量做到改變幅度小且速度緩慢的模式。另外有些症狀較嚴重的照護案例可以參考：將貓咪單獨飼養在資源充足且獨立的小空間中，會讓貓咪感到較有安全感、無危險性，可能會對此階段的貓咪有相當的幫助。

貓奴筆記

能夠幫助中老年貓、老年貓咪生活起來更簡單、更不會覺得挫折及壓力的調整：

- 避免把食物、水擺放在過高的位置，年紀較大的貓咪可能會無法順利到達，或者可以提供寵物階梯給貓咪做使用。
- 把食物跟水放在稍微離地面高一點點的位置，可以讓有關節炎的貓咪容易取得，也建議食物跟水要分開來擺放。
- 提供多個可以舒服休息的床墊及位置，也可考慮提供加熱的墊子。
- 改用入口高度較低的砂盆，讓可能患有關節炎的貓咪更容易進出及使用。
- 提供安靜、不會被打擾的空間，讓貓咪可以安心地休息。
- 避免在中老年貓、老年貓階段，引進新的貓咪，這可能會讓貓咪非常的緊迫。
- 提供領域相關的費洛蒙產品，能夠幫助有認知障礙的貓咪。

資源齊全且獨立的小空間。

藥物治療

　　目前經常用於治療貓認知障礙症狀的用藥，包括抗焦慮藥物、抗憂鬱藥物；另外也有減緩疾病進展的藥物，像是Selegiline。不過目前為止，並未有任何藥物被正式核准可以使用於貓的相關疾病治療，多半是以標籤外的使用為主，所以使用藥物前請務必諮詢獸醫師，切勿自行投藥。

 貓奴筆記

　■ 目前貓的認知障礙症候群無法被治癒，但可以透過環境、飲食的調整及藥物的輔助治療，減少症狀及減緩認知障礙的進展。

有認知功能障礙的貓咪，可能會對著無人的空間異常狂叫。

Cancer Care
愈來愈瘦的身軀
——癌症照護
了解癌症，與貓咪一起面對

癌症發生的可能原因眾多，癌症也有許多種不同的類型，通常需要透過採樣的方式進行確診，根據癌症的類型、進展的分期，可能會有不同的建議治療方式。一般來説，手術移除是最有機會治癒的一種方式，倘若無法手術移除，我們的目標就會是以化療、放療或支持療法來維持貓咪的生活品質為主。

　　癌症是用來描述由腫瘤引起的疾病，腫瘤是因為身體中的細胞失去正常調控的功能，而持續分裂生長，大多數情況下，這些腫瘤細胞會形成腫塊。腫瘤可以粗略分為良性與惡性，良性腫瘤意指腫瘤細胞不會轉移到身體其他地方，也沒有侵略周遭組織的現象；相反地，惡性腫瘤意指腫瘤細胞會侵入周遭健康組織，並且可能轉移到身體其他地方，通常是透過血液循環或淋巴系統轉移。

　　惡性腫瘤因為較具侵略性，相較於良性腫瘤是較為嚴重的疾病，治療也相對困難。整體來說，貓咪罹患腫瘤的機率比狗狗低，機率估計是狗的一半，然而，罹患腫瘤的貓咪比較有可能是惡性的，機率估計是狗狗的3～4倍，也因此更有可能導致嚴重的疾病。貓咪最常發生腫瘤的地方包含皮膚、白血球（例如白血病和淋巴癌）、口腔、腸胃道、乳腺。

癌症類型

癌症的種類很多，一般我們會根據腫瘤細胞來源做出以下分類：上皮細胞癌、惡性肉瘤、圓形細胞癌。前兩者一般是來自不同組織的實體腫瘤，圓形細胞癌源自於與造血或免疫相關的組織，包含骨髓、淋巴結、脾臟等器官。圓形細胞癌可能以多種形式存在，例如癌症細胞出現在血液中的白血病、有實體腫瘤的淋巴癌等。

貓咪的腫瘤種類繁多，以下列出最常見的幾種：

1、淋巴癌。

2、鱗狀上皮細胞癌。

3、基底細胞瘤。

4、肥大細胞瘤。

5、乳腺癌。

6、纖維肉瘤。

7、腺癌／上皮細胞癌：

例如影響肺臟、腸道。

8、骨肉瘤。

造成癌症的原因

造成個體貓咪腫瘤的原因，通常是無法確知的，且同一種類型的腫瘤也可能因為不同的原因形成。以下是可能造成腫瘤的原因：

1、遺傳：

跟人一樣，基因有可能會讓個體較容易罹患某種癌症，但是貓咪相關的資訊較少。

2、環境／飲食：

在貓的一生中，他們有機會接觸到一些會造成細胞中遺傳物質（例如DNA）受傷的事物，包含紫外線、致癌物等，遺傳物質的傷害可能會隨著時間累積，最終導致癌化細胞的形成。然而，在大多數的案例中，潛在因子與最初引發的原因仍然不清楚。

3、病毒感染：

我們知道有些病毒感染可以導致貓產生腫瘤的機率大幅提升，貓白血病毒（FeLV）是大家最熟知的，在台灣，貓白血病較常在流浪貓身上發現。貓遇到白血病毒時，其骨髓中的造血細胞可能會被感染，最終引發白血病或淋巴癌。不過因為近年來快篩與疫苗的普遍使用，貓白血病的感染已減少許多。同樣屬於反轉錄病毒[1]的貓免疫不全病毒（FIV）又稱貓愛滋也被發現會增加腫瘤的可能性。研究目前發現感染FeLV的貓，罹患淋巴癌的可能性增加50倍，而感染FIV的貓則增加5倍。

當我們發現家中的貓孩罹癌時，難免會覺得自己是不是做錯了什麼？是不是沒有做些什麼來預防癌症的發生？這是很正常的反應，但要記得在大多數案例中，我們都無法得知是什麼原因導致腫瘤的產生，因此，對於腫瘤的預防也無從著手。

癌症的臨床症狀

腫瘤可能發生在身體的任何部位，因此，臨床症狀取決於哪個或哪些器官受到影響。腫瘤通常需要一段時間的發展，而初期的症狀可能非常模糊，例如

註1. 反轉錄病毒：RNA病毒的一種。

食慾下降、精神不好、體重減輕等，其他的狀況可能包含皮膚出現腫塊、無法解釋的出血、沒有癒合的傷口等較為明顯的症狀。

一般來說，年齡較大的貓咪，腫瘤發生的機率也較大，在這些貓咪中，同時患有其他疾病的可能性也較高，因此，臨床症狀的變異更是無法預期。隨著腫瘤的進程，也可能會有其他併發症的發生；取決於受到影響的器官與系統，即便是相同的癌症，也可能有不同的臨床表現。不論如何，及早發現，及早治療，仍舊是最重要的，如有異狀，建議儘早諮詢獸醫師。

如何診斷癌症

由貓咪的病史與臨床症狀做初步評估，您或是獸醫師可能會懷疑腫瘤的可能性，然而大多需要進一步的檢驗來做最後的診斷。

完整的檢查可能包含X光檢查、超音波檢查、血液檢查、尿液分析等，然而，腫瘤的確診通常是需要採樣的。常見的採樣方式包含細針採樣、穿刺採樣、手術採樣，優、缺點如下：

1、細針採樣：

這是其中最不具侵入性的方式，通常採輕微的鎮靜後即可進行。如果是皮膚的腫塊，有些貓咪在診間即可操作；體內的腫塊或臟器，一般可以利用超音波導引來做細針採樣的動作。其缺點是取得的樣本為細胞學的樣本，有可能細胞數過少或是沒有採到癌症細胞，而無法確診。

 貓奴筆記

■ 貓咪的癌症跟人一樣，能夠愈早診斷，便能愈早開始進行治療，疾病的預後也會較佳。

2、穿刺採樣：

這是使用穿刺針（很粗的針）的方式，貓咪一般需要全身麻醉，樣本可進行病理切片的評估分析，大多用在較大的腫塊或是肝臟的採樣。缺點在於樣本還是有可能過小，在體內臟器、腫塊的採樣如有失血的狀況，較不易控制。

3、手術採樣：

這個部分可以分為傳統手術或內視鏡手術，也是各有利弊，相對來說，較能取得代表性的樣本，做為病理切片的評估分析。缺點為需要全身麻醉，較具侵入性。

某些腫瘤（例如腦中的腫瘤）與情況（例如肝臟腫塊），可能會需要進階影像——斷層掃描或核磁共振，來協助診斷或是協助手術的計劃。

癌症分期

癌症分期是評估癌症發展與擴散程度的方法，同時檢查是否有其他併發症

的發生。癌症分期的評估通常包括：

1、影像學檢查：

看看是否有證據顯示癌細胞轉移至其他臟器，例如肺臟、肝臟、脾臟等。

2、淋巴結採樣：

細針採樣或手術採樣，檢查癌細胞是否出現在鄰近的淋巴結中。

3、血液檢查：

檢查是否有併發症的發生，貓咪身體狀況是否可以承受癌症的治療。

癌症的治療

雖然得知自己的貓咪罹癌是一件讓人錯愕且難以接受的事情，癌症的診斷雖然不是一個好消息，但也並非什麼事都不能做，目前有許多不同的治療方法，主要可以分為4種形式：

1、手術：

一般來說，手術是最有機會治癒的一個方式，如果腫瘤能夠完整地移除，就有治癒的可能。

2、化療（藥物）：

化療的療程有許多差異，有非常密集的安排，每週都有每週的治療；也有較為鬆散的療程，例如每3週一次；另外也有在家吃藥的形式，例如標靶治療。

3、放射治療：

受限於設備與技術，目前在台灣並不常使用於寵物。

4、其他：

有些特定的腫瘤，目前有較為不同的治療方式，例如用於犬黑色素細胞瘤的疫苗。

某些情況下，主人可能會選擇安寧治療，多數採用的方式包含止痛藥物、止吐藥與食慾促進，根據腫瘤的類型，也有可能使用類固醇或非類固醇消炎藥物其中之一，藉此得到緩解效果，以維持生活品質。決定採用什麼樣的治療方式取決於許多因素，包含腫瘤本身（例如類型、位置）、病患本身（例如身體狀況、個性）、主人狀況（例如財務、時間），另外就是當地是否有提供某種治療的服務。

　　動物的癌症醫療上與人最大的不同，在於動物的癌症醫療目標，為維持動物良好的生活品質，在許多情況下，適當的治療可以有效改善罹患腫瘤貓咪的生活品質。癌症的治療可能會有副作用的產生，因此獸醫師會進一步解釋可能的副作用，並提前預防，或是在發生時做適當的治療。

　　我們可以在許多罹癌的貓咪身上見到良好的治療效果，但並非每隻貓咪都適合密集的療程，這個部分，建議要與獸醫師詳細地討論。

　　如果家裡的貓咪有在使用化療藥物，建議做一些防護以保護自己與家人。許多藥物在給藥後5～7天會由排泄物中排出，一般建議，病患在接受靜脈化療後的24～48小時內，或是口服化療藥物的7天內，其排泄物應視為有污染。在碰觸化療藥物、貓咪的排泄物、嘔吐物時，請記得使用手套與防護。

　　在癌症的治療過程中，可能會有起起伏伏的情況，獸醫師會在這個過程中協助您與您的貓咪，一起面對這個治療過程。

 貓奴筆記

■ 當貓咪被診斷有癌症時，並不表示被判了死刑，其實許多癌症都是可以被治療與控制的。

獸醫師正準備為貓咪背上的腫塊做細針採樣。

Quality of Life & Euthanasia
說再見──
生活品質與安樂死
面對疾病與老化，我們都需要做好準備

即使現今的醫療水平提升，老化及慢性病一樣會發生，面對無法治癒的疾病或病程的發展，獸醫師與飼主都有責任避免讓貓咪承受不需要的痛苦，透過生活品質的評估，我們得以知道並預先為自己及貓咪做好準備。

　　貓就跟人一樣，隨著年齡的增加，身體的器官會老化、會退化，發生疾病的機會也會逐漸升高，感謝現今動物醫療的發達，讓貓咪在疾病發生時，都能獲得較從前更為理想的醫療照護。

　　但並非所有的疾病都能被治癒，畢竟醫療仍舊是有極限的，尤其是慢性疾病或不可逆的問題發生時，治療通常以控制及減緩疾病的進程為主，在這樣的階段對貓咪及飼主來說，最重要的是如何維持理想的生活品質。生活品質考量的是貓咪的感受，面對不會說話的貓咪，我們可以藉由量化的工具來進行評估，進而針對可以改善的部份進行提升；倘若面臨到的狀況，已經沒有更好且

合理的解決方式，貓咪也正在經歷痛苦及不適，在無有效方式維持貓咪生活品質的前提下，獸醫師與飼主有共同的責任，不該讓貓咪承受不需要的痛苦，這時候讓貓安詳、莊嚴地離開，對雙方來說也許會是極大的紓解。

生活品質的評估

貓咪的生活品質代表的是該時間點的「生活狀態」，生活狀態包括經歷中的正向經驗及負面經驗的平衡。有著良好生活品質的貓咪，應有著許多正向的經驗以及極少量的負面經驗，可以影響貓咪生活品質的事物包括目前的健康狀況、目前的心理狀態、生活環境、其他會接觸到的貓咪、動物及人類等。

評估貓的生活品質其實是相當困難的，我們會需要了解貓的天性及個別的需求，再以主觀的觀察來評估貓咪正在經歷的生活經驗，最常用的方式就是QOL（Qulity of Life）的填答表格，雖然有多種版本，但大體上模式是相同的，只是依據設計的問題不同而有不同的呈現。（表1）

 貓奴筆記

■ 與人不同，貓咪並沒有為了更好的明天而受苦的觀念，他們只活在當下，因此我們需要意識到他們當下的感受就是他們的生活品質。

（表1）

小王子貓專科醫院——貓咪生活品質評估量表

	非常同意 （總是） （嚴重的）	同意 （大部分） （顯著的）
不願意玩	1	2
對我出現變得沒有反應	1	2
不再享受以往愛好的活動	1	2
躲起來	1	2
行為舉止改變	1	2
看起來不享受生活	1	2
不好的日子多於好的日子	1	2
比以往更愛睡覺	1	2
看起來呆滯且沮喪	1	2
看起來在經歷疼痛	1	2
呼吸急促（甚至休息時）	1	2
發抖或是顫抖	1	2
嘔吐或是感覺有噁心感	1	2
不太願意進食（可能只吃零食或只接受手餵）	1	2
不太願意飲水	1	2
體重減輕	1	2
經常會下痢	1	2
排尿狀況不佳	1	2
無法正常移動	1	2
不像以往一樣有活力	1	2
有需求也不願意移動	1	2
需要我的幫忙才能夠移動	1	2
排泄後無法自理	1	2
披毛油膩、無光澤且粗糙	1	2
目前整體健康與剛發病／診斷時的比較	1（變差）	2

差的生活品質
25分

目前的生活品質（以X記號標註明顯位置）　←

中立 （有時候） （中等的）	不同意 （偶而） （輕微的）	非常不同意 （從來沒有） （完全無）
3	4	5
3	4	5
3	4	5
3	4	5
3	4	5
3	4	5
3	4	5
3	4	5
3	4	5
3	4	5
3	4	5
3	4	5
3	4	5
3	4	5
3	4	5
3	4	5
3	4	5
3	4	5
3	4	5
3	4	5
3	4	5
3	4	5
3	4	5
3	4	5
3（一樣）	4	5（變好）

好的生活品質

75分　　　　　　　　　125分

什麼是安樂死

安樂死的過程通常非常地短、沒有任何疼痛，操作方式為透過靜脈給予過量的麻醉藥物後，貓咪會在幾秒鐘內失去意識，接著很快地，安詳且無疼痛地離世。有些時候，貓咪失去意識時，會出現深呼吸、倒抽氣的反應，在死亡後則會出現不自主的肌肉顫抖、尿糞漏出等情形，這些都是屬於正常的現象，並不是因為還沒死亡或是疼痛所導致；某些時候，如果貓咪非常緊張，為確保整個過程是安穩、無壓力及無疼痛的，獸醫師可能會先進行鎮靜藥物的給予，以確保靜脈留置針的放置不會造成任何壓力。在醫師放置靜脈留置針的期間，可能會因血管狀況不佳而花費較久的時間，期間若我們全程參與過程，要盡可能保持冷靜與安靜，確保我們的情緒不會造成貓咪的情緒緊張，讓整個過程可以安穩地進行。

為安樂死做好準備

每位愛貓的家長都有可能面臨到相關的問題，所以必要的認知及準備是需要的。在安樂過程之前，獸醫師通常會花足夠的時間解說流程，以及確保整個過程平穩且無任何的壓力。面對安樂死的選擇時，請務必先與獸醫師有足夠

 貓奴筆記

■ 安樂死操作時，通常選用的麻醉藥物為巴比妥類型（Barbital），此類藥物為管制級別藥品，切勿自行取得並使用。

的討論，確保每一個過程都是可以預期的，如果有任何的問題，也不要有所隱瞞，請直接與獸醫師做溝通，讓自己有足夠的時間與準備去適應之後生活的變化。安樂死的選擇沒有絕對的對錯，需要謹慎地評估生活品質，在醫病雙方達成共識後，方能有良好的結果。

安樂死以後的步驟

安樂死後，通常可以選擇自行處理遺體，或交由相關殯葬業者做處理。自行處理偏向特定地方的土葬，而殯葬業者的處理方式較多元，大部分以火化為主，並以需不需要留有骨灰為主要差異，再分別有樹葬、海葬等可供選擇。

健康貓咪的安樂死

　　有極少數的狀況會因為需要搬家、家人對貓過敏、貓咪有無法解決的行為問題等而考慮安樂死，通常都是飼主真的沒有其他辦法，才會做到這樣的考量，在遇到這種難題時，獸醫師或許可以給予一些建議，以及協助送養這些貓咪。但在某些特別的狀況下，雖然貓咪生理可能是健康的，但是精神層面卻是無法適應目前的生活型態與環境，比如精神壓力或是病理性的精神狀態，有可能讓貓咪的生活品質是不合理且無法被接受的，此時，安樂死可能是沒有辦法中的辦法了。

醫師與飼主解釋生活品質量表的使用。

「你是媽媽最愛的貓咪，
在天堂就不會痛痛了，我的寶貝。」

Forgiving Yourself
謝謝——原諒自己
甜蜜的負擔

養貓的那一刻開始，我們選擇了與貓孩的相依
相伴，面對困難，最後面對死亡，我們如何學
會陪他們走到最後，學會失去。

　　有人曾經說過，當我們成為一隻貓的主人時，就註定了要為他／她送終。
不論相伴路途長短，貓孩都將在我們心裡留下印記。

　　從貓兒來到家中的那一刻起，就成了我們甜蜜的負擔。在知道怎麼做一個
稱職的主人前，我們便開始為貓孩張羅生活所需，為他們做下許多的決定，包
含與誰同住、吃什麼食物、用什麼貓砂、去哪裡看醫生、做哪些檢查與治療。

　　貓兒生病時，我們擔心自己是不是有哪裡做的不好，擔心自己選擇的醫療
處置是否正確，擔心現實生活的考量——是否有足夠的金錢與時間。這些都是
正常的反應，也常常成為貓孩離開後，我們無法釋懷之處。

　　不論貓孩離開的原因為何，我們都會希望他們能多陪陪我們，雖然也免不

了檢討自己、檢討他人是否有哪裡可以做得更好，才能夠改變結果，甚至還會感到不公平，怨嘆上天為何要帶走自己心愛的寶貝。然而最終，我們該如何原諒自己？

經歷悲傷

因為在乎，因為用心對待過，所以悲傷。面對失去，悲傷是一種正常、自然且健康的反應，這個歷程可以是一個自我探索與治癒的過程，並能從中學習成長，讓悲傷化作力量。

有人說，悲傷可以分為5個階段，然而，悲傷是十分個人化的歷程，並沒有固定與明確的復原時間。因此在這段期間，我們需要學會照顧自己、學會尋求協助，允許自己下墜，但要適時地撿起自己。

原諒自己

　　走出悲傷、原諒自己常常是一瞬間的事，雖然我們免不了有很多後悔的事，我們都希望有可以重新來過的時刻，然而，如果一切都是結果論，那我們的一生免不了充滿著懊悔。很多時候，我們只能以當下的狀況，做出當時認為最好的決定，再者，每個人的情況不同，無從比較，只要我們在自己有限的能力中做到我們能做的，這樣也就足夠了。

　　我想沒有一個愛我們的靈魂，會希望我們一直悲傷下去的，原諒自己需要勇氣，為了我們心愛的寶貝，為了更多可以幫助的貓孩，我們需要勇氣。

尋求協助

　　你可能很聰明、很有能力，但我們都不是超人，我們都有脆弱的時候。面對悲傷，你可以哭泣，也不需要很勇敢地走出來，但要記住，你並不孤獨。如果悲傷太長，悲傷太過沉重而無法正常生活，記得尋求幫助，如果你無法撿起自己，那就讓別人將你抱起吧！

「我們只是踏上另一個旅程而已唷！」

新 手 貓 奴 日 誌

獸醫師為你準備的完整照護指南

作　　者	留博彥、郭嵐忻	總 代 理	三友圖書有限公司
繪　　者	Jiji 吉吉	地　　址	106台北市大安區安和路2段213號9樓
編　　輯	吳雅芳	電　　話	(02) 2377-4155
校　　對	吳雅芳、藍勻廷	傳　　真	(02) 2377-4355
	留博彥、郭嵐忻	E-mail	service@sanyau.com.tw
	Jiji 吉吉	郵政劃撥	05844889 三友圖書有限公司
美術設計	劉錦堂、陳玟諭		

發 行 人　程顯灝

總 編 輯　呂增娣

資深編輯　吳雅芳

編　　輯　藍勻廷、黃子瑜
　　　　　蔡玟俞

美術主編　劉錦堂

美術編輯　陳玟諭、林榆婷

行銷總監　呂增慧

資深行銷　吳孟蓉

行銷企劃　鄧愉霖

發 行 部　侯莉莉

財 務 部　許麗娟、陳美齡

印　　務　許丁財

出 版 者　四塊玉文創有限公司

總 經 銷　大和書報圖書股份有限公司

地　　址　新北市新莊區五工五路2號

電　　話　(02) 8990-2588

傳　　真　(02) 2299-7900

製版印刷　卡樂彩色製版印刷有限公司

初　　版　2021年04月

初版二刷　2022年01月

定　　價　新台幣400元

I S B N　978-986-5510-65-7（平裝）

國家圖書館出版品預行編目(CIP)資料

新手貓奴日誌：獸醫師為你準備的完整照護指
南/留博彥, 郭嵐忻作. -- 初版. -- 臺北市：四塊
玉文創有限公司, 2021.04
　面；　公分
ISBN 978-986-5510-65-7(平裝)

1.貓 2.寵物飼養 3.獸醫學
437.364　　　　　　　　　　　110003918

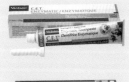

給寶貝最好的呵護

心中住了一隻貓：我們和貓一起的日子

作者：葉子
定價：350元

你的心中是不是住著一隻貓？用貓的態度過日子，即使忙碌也要步調從容；用貓的哲學處世，不迎合外界世俗。貓住進家裡，住進心裡，也住進一起生活的日子裡。

我的貓系生活：有貓的日常，讓我們更懂得愛

作者：露咖佩佩
定價：350元

不論是忙著端出肉泥的奉餐時間，還是揉揉按按討主子歡心的午後，又或是拿起逗貓棒看貓玩瘋的遊戲時刻，一旦家中有了你們，貓系生活的空氣中，就會充盈陽光般的溫暖與幸福。

當愛來臨時：我與我的貓老師

作者：蘿莉‧摩爾
譯者：劉怡德
定價：360元

一位信任神聖大地的動物溝通師、一隻充滿靈性的貓咪，即使跨越生死也心靈相繫，成就一段與動物同伴相約再見的動人故事。跟著此書，一同體會與動物間無條件的愛與信任。

動物溝通：一本可以解答你99%疑惑的溝通大全

作者：黃孟寅、彭渤程
定價：380元

和動物溝通是人類與生俱來的能力，透過101種練習法，從淨化思緒到接收訊息，教你喚醒沉睡於潛意識的本能，學會如何與動物溝通。